建筑设计要点指南

建筑设计的材料策略

Material Strategies: Innovative Applications in Architecture

[美] 布莱恩·布朗奈尔 著

田宗星 杨 轶 译

江苏凤凰科学技术出版社

图书在版编目（CIP）数据

建筑设计的材料策略 / （美）布朗奈尔著；田宗星，
杨轶译. -- 南京：江苏科学技术出版社，2019.10
　（建筑设计要点指南）
　ISBN 978-7-5537-2611-3

　Ⅰ. ①建… Ⅱ. ①布… ②田… ③杨… Ⅲ. ①建筑设
计—指南②建筑材料—指南 Ⅳ. ①TU2-62②TU5-62

中国版本图书馆CIP数据核字(2014)第002139号

Material Strategies: Innovative Applications in Architecture / Blaine Brownell
First published in the United States by Princeton Architectural Press
Simplified Chinese Edition Copyright:
2013:copyright:Phoenix Science Press
All rights reserved.
江苏省版权著作权合同登记：图字10-2013-272

建筑设计的材料策略

著　　　者	[美] 布莱恩·布朗奈尔
译　　　者	田宗星　杨　轶
项 目 策 划	凤凰空间 / 曹　蕾
责 任 编 辑	刘屹立　赵　研
特 约 编 辑	曹　蕾

出 版 发 行	江苏凤凰科学技术出版社
出版社地址	南京市湖南路1号A楼，邮编：210009
出版社网址	http://www.pspress.cn
总 经 销	天津凤凰空间文化传媒有限公司
总经销网址	http://www.ifengspace.cn
印　　　刷	固安县京平诚乾印刷有限公司

开　　　本	710 mm×1 000 mm　1/16
印　　　张	13
版　　　次	2019年10月第2版
印　　　次	2019年10月第1次印刷

标 准 书 号	ISBN 978-7-5537-2611-3
定　　　价	59.80元

图书如有印装质量问题，可随时向销售部调换（电话：022-87893668）。

中文版序

黑格尔曾经说过："建筑是用建筑材料造成的一种象征性符号"。传统建筑中，这种象征性的符号主要是通过建筑的体块、形式、空间、细部等来表达，材料更多是作为功能性的结构材料及围护材料而存在。随着科技的发展，建筑逐步突破了结构及技术的束缚，一些建筑中的材料逐渐从隐性的功能材料变为显性的表现材料，甚至成为建筑形式的主要表现元素。同时，从设计方法论的角度来看，传统的现代建筑设计中较为强调的体块构成、组合、立面、空间等设计方法已慢慢穷尽，以材料及构造为突破点正逐渐成为建筑设计特别是形式设计中的另外一种重要的语言，甚至成为建筑创新生成的源动力。近年来，以表皮特色为特征的精彩作品不断呈现，有的甚至超乎想象，颠覆了我们对于建筑的传统认识。

基于材料及其构造之于建筑设计重要性的认识，近些年来国内外出版了大量的关于建筑外表皮材料及构造的书籍，有的偏重于材料研究、有的偏重于建筑图片、有的偏重于构造详图、有的兼而有之……《建筑设计的材料策略》也正是其中之一。

全书分矿物、混凝土、木材、金属、玻璃、塑料六个章节来阐述，每个章节又从构成、历史、现代范例、环境因素、突破性技术和突破性应用几方面作了简明扼要的剖析，尤其是突破性技术和突破性应用以及环境因素这几方面的内容最具引导性。突破性技术使传统建筑材料得以更新换代甚至焕发新生，突破性应则用使建筑创作有了无限的可能。环境因素现在似乎成为了一个终极的话题，值得引发每一位建筑师的深思。尤其在当今社会，面临环境污染、资源枯竭等问题，更是向建筑师提出了社会责任的诘问：如何更为绿色环保地使用各种适度的材料，创造可持续发展的建筑和环境？

　　本书选择的材料应用案例基于其阐述更加偏向于创新性的设计，这对于建筑师开拓设计的思路、激发设计的灵感同样大有裨益。

　　诚然，正如本书作者所言，本书还只是关于建筑材料的初级读本，同时材料也不能脱离构造而存在。作为建筑师，若想更好地以材料作为建筑设计创新的语言还必须更深刻地去研究各种材料的特性及其各种合理的的构造方式。

褚智勇

教授级高级建筑师、一级注册建筑师

曾出版有专著《建筑设计的材料语言》，现任教于北京工业大学

目 录

概　论

　　建筑源自理念和物质的睿智结合。建筑学是用材料物质在空间上建造房屋，路易斯·康（Louis Kahn）认为它"既是可预见的又是不可预见的"。[1] 历史上建筑始终随着材料技术及其应用方法的变革而改变。建筑学发展的轨迹与技术领域的不断变化及其引发的社会效应密不可分。这种变化的内在结合，无论是从欢迎的角度还是批判的角度，都显示了建筑与材料创新的紧密联系。

　　历史学家理查德·韦斯顿（Richard Weston）对20世纪经典的建筑作品进行了评论，他说："人们对那些具有创新性的建筑，尤其是那些显著影响建筑发展轨迹的建筑存在偏见，然而，它们无论在风格、技术还是建设程序上都存在着创新。"[2] 一方面，新材料和新工序使非正统的施工技术和新的空间模式成为可能，从而改变了建筑本身。另一方面，建筑师对材料的创新利用表明建筑能够刺激建筑相关产业的发展，同时也能促进文化变迁。这两个趋势证明材料的创新应用对推进建筑进步尤为重要。

动因

　　创新的实现需要多种不同因素的激发。对尖锐的经济、社会或环境问题的正确认识能够推动解决问题的新方法产生，如在19世纪80年代城市土地稀缺的情况下，摩天大楼应运而生；20世纪20年代都市扩张进程中，现代社会保障性住房大批建设；20世纪70年代石油危机期间，超隔热房屋出现。其他领域的新技术发展也能够刺激创新，如用于军事或航空领域的材料也进入了消费市场。当前，世界正面临一系列重大挑战，这为建筑定义了新的背景。当今环境、科技和社会的变革规模和速度令人瞩目，人口总数的增长以及人口在城市的不断集聚超出了地球资源的补给能力。全球变暖、人为活动导致土壤沙化和水体富营养化现象出现。与此同时，新技术正源源不断地出现。与以前相比，更多新产品应用在建筑上，低成本通信和电脑技术的迅速普及使更多人参与到更广泛的全球对话中，这加强了设计塑造文化的能力和作用。[3] 这些变化导致建筑无与伦比的复杂性，同时建筑师也迎来前所未有的新机遇，由于建筑物会消耗近一半的能源和资源，这种趋势将不可避免。

对建筑来说，仅仅以温和的、缺乏远见的变革来应对这些新的环境、科技、社会背景是远远不够的。考虑到我们现在面临的局面，巴克明斯特·富勒（Buckminster Fuller）提出了他称为"全球游戏"的概念，并推断随着人类利用先进技术和健全数据对全球资源及其分布的不断认识，人们将做出对人类和环境最有利的决定。[4] 现在，建筑师比尔·麦当劳（Bill McDonough）及其合伙人——化学家迈克尔·布伦嘉特（Michael Braungart），都在呼吁人类要掌握更多的信息，并且采取更广泛的行动。他们认为现有的变革仍不足以应对当前的挑战，并主张开始"新一轮工业革命"，让人们重新审视建筑物和产品及其建造方法。[5]

为了达成这一目标，建筑师必须启用大胆的创新性设计方案来改变固化的思维方式。人们对于实践和环境的预期限制了其对于传统的创新，传媒学者马修·麦伦翰（Marshall McLuhan）主张改变这种固有思维，主张将环境本身转化为艺术。[6] 他推崇追求"隐藏环境"或"逆向环境"，削弱传统环境的不敏感性和有限性，以提高感知的真实度。麦伦翰警告人们，一贯遵守传统秩序是危险的，"对于停滞的新技术我们通常的反应是重建旧环境，而非关注新环境带来的新机遇。不能关注新机遇导致无法获得新力量……这种失败使我们仅仅停留在重复性的机械劳动上。"[7]

知识缺口

尽管大家一致认为需要对传统的模式有所突破，然而设计领域中在材料方面取得创新的具体方法在学习和实践中都很难学到。在建筑学必修课程中，与材料相关的知识通常穿插在房屋构造技术的授课中，学生们只需了解材料的基本属性及其常规使用方法。学生们会接触一些经典案例，但通常没人教他们特定材料的应用在这些案例中所起到的重要作用。诚然，对于基础知识的学习是获得成功所必不可少的；然而，沿袭传统实践实际上也导致了平庸。在建筑领域中情况更糟：尽管材料创新的重要意义得到了广泛认可，但大多数建筑事务所没有制定出材料创新的规范和方法。此外，尽管材料选择广泛影响着概念、理论和设计背景，对材料应用方法的讨论却往往仅停留在技术层面上。

突破性创新

为了理解材料创新的本质，我们必须给它一个更精确的定义。麦伦翰用"突破性技术"来清晰定义替代了旧有材料的创新性的新产品或材料，这种表达方式被技术理论家克雷顿·克里斯顿森（Clayton Christensen）使用并进一步发展。[8] 持续性技术仅仅支撑了小规模的增长，突破性技术显示了比所谓的持续性技术更强的竞争优势。尽管初次提出时必然显得新奇且未经证实，但突破性技术通常会快速替代现有的技术。如二极管（LED）光源——突破性技术的一个例子——已经作为一种耐久、低能耗的选择快速涌现，替代了多种白炽灯和荧光灯。

同样，突破性应用以新方法创新性地取代了传统设计或建造方法。突破性技术通常指某种产品或材料，突破性应用则需考虑更复杂实体组合或系统——比如一栋建筑及其更大的文化和环境背景。应用不仅考虑到突破性技术产生的结果，同时考虑取得这一结果所采用的方法——如利用机器人制作砖砌面板替代传统手工砌筑。突破性应用可能采取突破性技术，或者它们可能展示了对于传统技术以外技术的运用。突破性技术和突破性应用均由意料之外的实践——突破并取代传统实践体系中固有模式的偏差或变化定义。

勒·柯布西耶（Le Corbusier）在《走向新建筑》一书中强调了追求材料创新的必要性："运用我们已有的材料和施工方法是理所当然的，但是也应当持续不断地努力改进它们，当然不是盲目的……我们这个时代的建筑必然会塑造出自己，即使非常缓慢；它的主体路线变得越来越清晰。"[9] 自从勒·柯布西耶在《走向新建筑》一书中宣称"建筑需要革命"，建筑师便已经开始思索创新在设计中的作用。毕竟，创新是一种含糊的术语，暗示着新颖而积极的改变。

然而，近期人们对该词的兴趣已经引发了它在工程和经济领域中更为精确的定义。如高分子化学家德克·范霍夫（Dirk Funhoff）所说："创新是新技术或组织理念在市场中的建立，不单单是发明新技术和新组织理念本身。"[10] 在《科技的本质》一书中，经济学家W·布莱恩·亚瑟（W. Brian Arthur）这样描述创新机制，"从根本上来讲，创新的出现是通过创新过程以及整体科技的涌现而发生的，发明新技术的过程和整个科技体系的出现、完善以及对与之相冲突的工业的改变，催生出了根本性的新技术。"[11] 当经济学家和工程师们研究出提升产品品质和制造工艺（技术）的复杂方法时，如何让使用者进行积极认知和情感回馈却鲜有人知。在《设计力创新》一书中，商业学者罗伯托·瓦干提（Roberto Verganti）强调了设计角色的转变，将设计力创新定义为"内涵的彻底创新"。[12]

策略

瓦干提给我们提供了线索，我们可以假定建筑中的突破性应用会导致建筑内涵的改变。日本建筑师青木淳描述这一现象时用了"材料编码"这一术语："材料是根据编码（社会编码）被认知，并且我们能够操纵编码本身"。[13] 在不同物质尺度中，这种再解码可能会被应用于建筑，并且其意义的调整能够产生多种特殊效果。这一过程需要预期的受众具备一定知识和经验。设计师、评论家原研哉（Kenya Hara）将这种记忆结构定义为"信息建筑"。[14] 观察者基于自身已有的习惯形成了认识建筑的方法，通过鉴别这些方法，建筑师能够拓展出新颖的体验以增强人们对建筑的印象，由此拓宽他（她）的一系列体验。通过这种方式，建筑师不仅可以控制形式，而且还可以操纵信息。

在研究大量的历史建筑和当代建筑的过程中，我们需要重新审视材料对于当代建筑的意义，而我们最具影响力的建筑项目通常坚持五种策略：突破极限、同化、暴露—隐匿、令人惊奇和校订。尽管这种大致的分类经常会重叠，但它们显示了对材料创新的艺术性和科学性的深刻洞察。

突破极限：在建筑施工中，因为普通人往往关注传统惯例，因此建筑需要突破已有的极限。据建筑师手冢贵晴（Takaharu Tezuka）所言，建筑师必须追求拓展建筑的极限从而避免交付平淡无奇的设计。[15] 极限的重新定义通常是结构方面的，也可能涉及技术、形式、环境和文化方面。一般来说，确定不变的极限通常需要充分的研究和实验进行拓展。建筑师斯坦·艾伦（Stan Allen）提醒我们"任何职业都会有些人进行刻板的操作，即使是最简单的工作程序；同时也总有些人极富想象力、创造力和创新思维。简而言之，这些人在努力尝试突破极限。"[16]

同化：同化需要综合各构成部分（通常在建筑领域它们被公认为是不连续的）以整合为一个整体，并有意混淆不同概念之间的界限——如室内和室外、表皮和结构、房屋和家具、建筑和工程、建筑和景观，或者墙体、地面和屋顶。

同化明显区别于"整体设计"，整体设计是一个流行词汇，指房屋物质构件的无缝连接。设计一体化应是建筑设计的一个前提，尽管整体设计通常最终会保留各部分的个体性，如结构和机械系统。相反，同化通过统一概念而非将各部分放置在一起以寻求一体化。

暴露—隐匿：阿道夫·卢斯（Adolf Loos）曾引用路易斯·沙利文(Louis Sullivan)说过的话，"如果一段时间内我们放弃装饰，并集中所有精力认真关注建造精致且吸引人的建筑，绝对是有益无害的。"[17] 这一观点无疑影响了卢斯在1908年所著的《装饰与罪恶》一文，该文反对过度使用图案装饰和材料。同样，国际潮流推崇展示材料的原貌，避免使用过量的材料和过度关注外在形式——这一传统持续影响着当代设计。有趣的是，减少多余材料的使用往往导致"细部简化"，即需要通过完全禁止特定材料或系统以实现建筑简洁性和清晰性的最大化。这种方式导致人们试图隐匿某些本应暴露出来的实体构件，以减少视觉干扰，比如窗框。在这种状况下，假象和真实往往受到同等对待。此外，因为细部简化需要在设计和施工方面花费更多精力，在处理特殊材料的过程中，工艺是非常重要且必需的。建筑设计因此需要认真考虑已被表达或尚未表达的东西，并且每个连接点、每个转角以及材料的交接处均需仔细观察。

令人惊奇：建筑必须令人惊奇。这是其制造逆环境的内在本质——逆环境提高感知。创新需要挑战传统，并且往往需要开发新技术。其效果可能令人震惊或平淡无常，很大或很小，庄重或滑稽。建筑师隈研吾(Kengo Kuma)通过颠覆人们对结构、材料和光的传统看法，来反抗建筑设计中的传统做法。隈研吾说："现实仅在一些非现实出现的时候才会被人觉察。"他相信，如果设计"存在一些非真实，就会带来一些惊喜。如果事物没有惊人之处，那就不是真实的，因为它不会被人关注到。它也有可能根本不存在"。[18] 通过改变人们的传统看法，限研吾将我们的观念从以前的平庸中唤醒。

校订：建筑需要清晰的目的，并且必须坚决精确地执行。这一目标的达成需要细致地考虑项目中每个空间、系统和材料——特别是由顾问和承包商引入的元素，这些元素必须以设计一体化为目标，细致地监督。校订要去除非必需构件，并且往往主张有限的材料面板。暴露—隐匿的策略主要关注建筑构造，而校订则需考虑建筑整体及其选址。校订寻求完善，沿着简单和过于简化之间的不确定的准线，去证实它的不平凡。希望得到的结果是一种"简洁"，既明白易懂又充满智慧，这意味着简明规则下不可避免的复杂实践。[19] 为了实现可靠的、富于灵感的实施，校订要求建筑师建立易于理解，并被整个设计团队坚持执行的简明规则。

效应

为了这些策略能够成功地落实，建筑师必须考虑到他们将产生的某些特定结果。这些策略的重新组合可能在不同物质尺度中被应用到建筑中，并且其内涵的调整能够产生视觉、运转、行为、文化或/和环境的诸多效应。

这五方面中任何组合的内涵改变通常会同时体现在建筑上，并可能在建筑的居住者或使用者身上引发一系列的反馈——从微小的到令人震惊的。这些效应涉及的越多，总体的影响就越大。

视觉效应与勒·柯布西耶所提出的规则"塑料发明"相联系。[20] 它们的结合产生了新的形式、系统或技术的使用，并且囊括了光与材料的相互作用。这是最直接和可理解的角度，包含对材料内涵的重新解读。项目可能为引人注目而调整其内涵，例如赫斯维克工作室（Heather-wick Studio）所设计的种子圣殿立面突出的亚克力杆（见第194～196

页）。它们也可能展示出材料运用上更多巧妙的变化，例如由青木淳建筑规划事务所在青森县立美术馆中应用的"墙纸"砖（见第33页）。建筑师考虑了视觉效应刺激观者产生的特定反应，例如詹姆斯·卡彭特（James Carpenter）的反重力玻璃桥（见第154~156页），使广大观者立即产生敬畏，而2049馆（见第104~105页）中朱剑平巧妙地用麦子瓦片替代传统陶瓷，这需要更细致的观察才能发现。

运转效应引发建筑系统和功能服务的改变。突破性技术的应用可能使使用者的舒适度最大化，改善环境性能，或者提供之前缺少的功能。运转效应的例子包括西蒙·季奥斯尔塔工作室（Simone Giostra & Partners）设计的GreenPix项目（见第163~165页），通过光电技术综合利用太阳能，并且将能源进行转换用于夜间照明；还有3XN建筑事务所的师法自然亭（见第187~189页），通过加入相变材料来降低建筑表面的温度波动。根据安装的规模，运转创新也可能通过增加便利带来生活方式的转变，慢慢带来行为效应和文化效应。例如，现代铅工业即是显著激发这些效应的一种运转创新的代表。

行为效应涉及人类行为的变化。该尺度效应需通过建筑内部的布置、气流或多种感官条件的重新组合实现。行为效应主要与个人或小群体的规模相关，因为它考虑人和建筑的直接的、有形的关系。例如菲利普·约翰逊（Philip Johnson）的玻璃住宅（见第145页）和密斯·凡·德罗（Mies van der Rohe）的范斯沃斯住宅（见第115页）均消除了室内外的视觉界限，仅留下纯粹家庭领域的亲密活动空间，这使得使用者的行为方式更具公共性。正如建筑历史学家伊丽莎白·克罗姆雷（Elizabeth Cromley）叙述的，"伊迪斯·范斯沃斯抱怨无论在她家的室内还是室外，她总是被他人偷窥……她希望有独特的卧室，以保护隐私，但密斯为她设计的卧室中只有一个睡眠区是封闭的"。[21] 在这种情况下，"玻璃盒子"从心理层面影响着房屋居住者，转变了他们的行为习惯。

其他类型的材料应用产生直接的物理影响。例如藤本壮介（Sou Fujimoto）在终极木屋中设计的三维原木片堆（见第96~97页），创造了一个由阳台结构勾勒出来的多功能的空间。使用者可自由选择把这些错列的木片用作台阶、工作面、座椅还是储藏空间——这个房子激发了一种灵活自由的行为机会主义，以消除建筑形式上的人造痕迹。

文化效应是在更大范畴的社区和社会中存在的行为效应：行为效应通常产生暂时的效果，文化效应则导致持久的改变。文化效应意味着显著的改变，它或由对人类行为产生影响的材料的广泛应用带来，或由发挥了远超越其物理领域的文化影响的特定建筑带来。前者可用摩天大楼的发展和激增为例证。摩天大楼最初因钢框架和电梯的发明而成为可能，后来促进了商业活动和人类居住的垂直堆叠和高密度化，结果从根本上改变了都市形态。例如谢里夫·蓝柏·哈蒙事务所设计的帝国大厦（见第114页）。后者以86栋标志性建筑为代表，诸如伦佐·皮亚诺(Renzo Piano)和理查德·罗杰斯(Richard Rogers)的蓬皮杜国家艺术文化中心（见第116页）和弗兰克·盖里（Frank Gehry）的毕尔巴鄂古根海姆博物馆（见第116页），均激起人们无尽的想象，为之后的建筑实践带来颇具启发性的改变，并且推动了本地的经济发展（该现象也被称为"毕尔巴鄂效应"）。

环境效应反映了材料应用对环境的影响。环境影响范围涵盖从宏观到微观不同层面，包含大都市尺度的发展和人体尺度的设施。因为工业化产生了许多负面的环境影响，当今的材料应用必须打破工业化后的现状，并且改善传统方式带来的环境恶化。一种策略是可再生能源技术与建筑的整合，以减少建筑的能量需求，如稻叶电器厂的生态窗帘风动表皮（见第124页）。另一个例子则是选择对环境影响小的产品替代传统材料，如沃西斯尔顿建筑事务所（Waugh Thistleton Architects）设计的斯塔德豪斯公寓，它的结构中采用交错层压木材（见第94~95页），这种材料比传统的混凝土或钢材明显具有更低的碳足迹。

本书说明

《建筑设计的材料策略》是基础读本，通过聚焦近年来的建筑设计作品，阐述建筑史中材料是怎样被使用和误用的。它的目的是使大家更加深刻地认识新涌现的材料和创造性的材料使用方法。本书根据建筑基本材料的类型简明地划分了章节——包括矿物、混凝土、木材、金属、玻璃和塑料。概论部分讲述了材料的基本历史以及它对建筑的重要性，大致说明它对建筑创新的作用以及它们对科技，乃至文化方面的影响。每一章同时包括当前遇到的环境问题及对其后果的讨论、最新的突破性技术和它们的基本作用，以及由最近开创性的建筑作为范例的一系列突破性应用的叙述。每章的结尾后均附有全面可靠的建筑案例研究、聚焦某种特定材料变革的重要性，以及基于材料的创新是如何成功实现建筑创新的。

《建筑设计的材料策略》认可现有建筑准则体系下的杰出作品，当代建筑工程通过创造性的工作方式对当今环境做出了贡献，因此《建筑设计的材料策略》也十分关注它们。此外，这些案例中显而易见的、创新性的材料使用方法与多维度的建筑研究和学术成就相呼应——诸如技术、理论、美学和环境性能——这与偏爱某一个方面的传统方式相反。《建筑设计的材料策略》的写作意图包括教育和启发读者认识追求建筑材料及其固有使用方式创新的重要性。

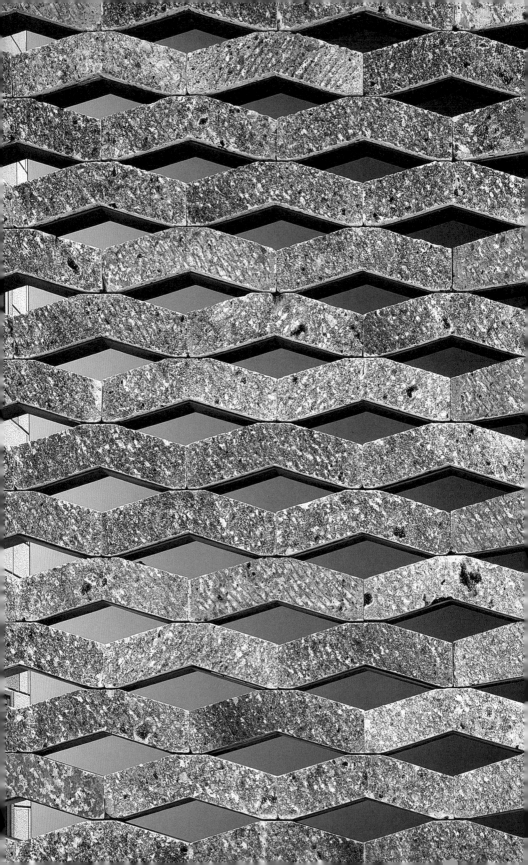

第一章　矿　物

> 直到5亿年以前，软组织生物（凝胶和气溶胶、肌肉和神经）才占据绝对优势。就在那时，一部分组成生命的肉质能量的混合物，发生了突然的矿化，一种构成生物的新材料——骨骼出现了。人类内骨骼是那种古代矿化形成的许多物质之一。大约8000年前，人类种群开始再次矿化，人类发展了城市外骨骼：晒干的白土砖成为他们的房屋建筑材料，这样就将人类包围在了里面，同时房屋又被石碑和防御墙包围起来。
>
> ——曼纽尔·德·兰达（Manuel De Landa）

　　土质矿物是被早期原始人用于建造居所和制作工具的基本材料之一。很多古代神话和宗教故事将土、石分别与人类的肉和骨骼联系起来——人们认为不同稠度的矿物象征性地与身体及其柔软和坚韧的双重特征相联系。考古记录表明在史前石器时代，石器的使用非常活跃，超过99％的人类活动均涉及石器的使用。从石器时代过渡到青铜器时代基本标志着有记录的人类历史的开始。

　　泥土、石器和陶器（本章主要讲述的材料）是城市化开始的基础，它们给第一批城市奠定了物质形态和规律。由于它们的耐压强度大，这些材料适合厚壁、低矮的结构，这种结构的形成需要将多层泥土叠放并压实，制成基本的承重墙。1000多年以来，这种条状的建筑一直展示着其厚重感、存在感和耐用性。

第16～17页：2006年，日本栃木县，由隈研吾建筑都市设计事务所设计的Chokkura广场中Oya石的外部细节

现在这种承重墙的使用在工业化国家几乎已经销声匿迹，取而代之的是框架结构和实用的表皮结构。尽管如此，出现在当代建筑的泥土材料仍然有着承重墙结构的丰富遗迹。在当代，砖石往往是被悬挂起来或者是依附在框架的外面作为自支撑的表面，这与最初的使用方式大相径庭。然而由于许多矿产资源易于开采，并且用石头和陶制品做建筑表层十分耐用，泥土材料在建筑建造上的重要性得以保持。

构成

岩石是岩浆晶体化的产物。根据其形成过程，岩石被分为三类：火成岩是"原岩"，直接由岩浆形成；沉积岩是由岩石（沉积物）颗粒在土层中沉积，经历一个被称为成岩作用的物理和化学过程形成的；变质岩是高压、高温环境下变质的火成岩或者沉积岩。建筑最常用的岩石包括花岗岩和玄武岩（火成岩）、砂岩和石灰岩（沉积岩），以及大理石、页岩和片麻岩（变质岩）。

壤土含有等量的黏土、泥和沙子。黏土由风化的岩石和比其他两种都要细的颗粒组成，可以起到黏合其他材料的作用。壤土相对比较软，可以通过加入沙砾和有机增强材料（比如稻草）来加强硬度。为了使其更加耐久，往往会通过捣固和压缩制成夯土。壤土通常以预制砖块或者现浇筑件所需的松散粒状材料的形式被使用。

陶瓷是非金属材料，是通过黏土等加热变成的一种石质材料。过去通常用于制造陶瓷的黏土由含水铝硅酸盐化合物组成，这种化合物可以从富含长石、云母、方解石、含铁氧化物以及石英的岩石中获得。[1] 陶瓷的物理属性取决于黏土的类型，高岭石、蒙脱石和伊利石是其中最常用的三种。灼烧温度也是影响非常大的一个因素，制造更坚硬、更致密的陶瓷需要更高的温度。黏土制品和岩石制品的灼烧温度较低（900~1300℃），而瓷器和氧化陶瓷则需要更高的温度（1300~2100℃）。[2] 在建筑中常用的陶瓷材料包括砖、管道、瓦片和瓷板。

公元前484年，罗马，POSTUMIUS，卡斯托与保禄赛神庙

公元前100—250年，墨西哥，特奥蒂瓦坎，死亡者大道旁平台的细节

1368—1644年，中国，八达岭长城

15世纪后期，日本，京都，龙安寺，土墙的细节

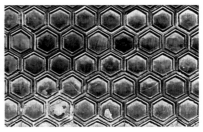

1694年，中国，北京，雍和宫，装饰瓦片的细节

历史

土质材料对建筑技术的起源非常关键。发生在石器时代的石器和陶器的发展以及早期居所的建造，是人类第一个纪元。产生于这段时期的巨石纪念碑，比如石圈、史前墓石牌坊和石冢，是由巨大的、形状规则的石头制成，它们永久地提醒人们这是那个时代的坟墓和宗教场所，史前巨石柱（公元前3100—公元前1600年）是其中最令人熟知的例子。

第一座阶梯金字塔——左赛尔金字塔于公元前2600年建于埃及，是为法老左赛尔而建。伊姆霍提普被认为是左赛尔金字塔的第一个建筑师，他设计并监督了金字塔的建设，在围墙、柱廊入口和金字塔中使用了粗切的图拉石灰石块。用石灰石比用泥砖更为耐久，泥砖是早期的尼罗河谷常用的材料，对于居所建设来说便于获得，也被用于早期的埃及坟墓。

左赛尔金字塔是最早使用圆柱的著名建筑之一。左赛尔金字塔的石柱廊包括被雕刻成植物状的石柱——这是最早将建筑中的木材改成石材的案例之一。希腊人延续了这种方式，发展了基于比例的系统和技术，将用于建筑的石材粗糙的砌块变成精致的专用组件，就如同树木和植物结构那样。

希腊还发展了有着良好的抗压强度和防潮能力陶瓷材料。这种材料从埃及和美索不达米亚（公元前4000年以前）的陶片和火烧砖发展为组合式的建筑元素，比如屋顶瓦片被设计的像鱼鳞一样覆盖在房顶，以调节水流（公元前800年）。（陶瓷的英文单词ceramics起源于希腊词keramos，意为烧过的土。）砖常常用于混凝土墙，随着砖的广泛应用，罗马人进一步改进了陶瓷技术。

在中世纪，随着高耸的哥特式教堂的建设，石材技术发展到顶峰。石匠们掌握了越来越娴熟的拱顶结构技术，这种技术使石材建筑达到前所未有的高度，尽管这种石砌结构很重，却传达出一种不可思议的轻巧和精美。尽管后来的工业化使人们能更好地控制石材和陶瓷的制造和分配，但19世纪框架结构的出现使这些材料不再用于承重了。

公元前 2600 年，埃及，左塞尔金字塔

1160 年，奥地利，维也纳，斯蒂芬大教堂

现代范例

在现代，尽管承重方式发生了改变，石材和陶瓷依然被广泛应用。19世纪钢铁、混凝土和木立柱框架体系占据优势以后，土质材料多被用于外饰，和其他材料共同制造了耐久、美观的建筑表皮。安东尼·高迪用打碎的泥土瓦片（被称作trencadís）制成精巧的镶嵌结构是这种华丽的装饰表皮的例子。阿道夫·洛斯在维也纳的洛斯之家的建筑立面使用了华丽无比的云母大理石，建筑及其材料本身都极其艳丽。约恩·乌特松的悉尼歌剧院（1973年）顶部外壳上的瓦片遵循了严格的几何形状，这是土质材料外部装饰面的使用已经成熟的另一个例子。

1877 年，安东尼·高迪在西班牙巴塞罗那设计的巴特罗公寓，图为女儿墙的 trencadís 仿古瓷砖的细节

1910 年，阿道夫·洛斯在奥地利维也纳的洛斯大厦，图为大理石基础的细节

对乌拉圭工程师埃拉迪奥·戴斯特来说，砖不仅可以做装饰板，它还有更为重要的作用。他以砖为主要建筑砌块，建设位于乌拉圭阿特兰蒂达的工人耶稣教堂（Church of Christ the Worker）（1960年），这是因为比起灰泥和石头，砖是当地农民更为熟悉的材料[3]。戴斯特发现了教堂中砖瓦结构鲜为人知的结构潜力，将手工垒的砖墙变成了结构外壳。单室教堂的设计是最基础的，但是墙的轮廓随着高度的变化，从底部的直线变成了顶部的曲线。这座墙由极其薄的砖瓦外壳组成，没有结节处，成为一个独立的波浪状的单元，像屋顶一样。戴斯特证明，简陋的薄片材料也可以展示薄壳混凝土结构所具有的精致结构和几何形状。

戴斯特的教堂探索了砖在结构上的轻盈，而康涅狄格州纽黑文市的古籍善本图书馆实现了石头在视觉上的轻盈，SOM建筑设计事务所的戈登·邦沙夫特用半透明的石头代替了传统的玻璃，既有厚重感，又保护了里面的书籍。建筑的立面由空心框架组成，外面是佛蒙特伍德伯里花岗岩，里面是预制混凝土；框架支撑着半透明的白色佛蒙特蒙特克莱丹比大理石

1960 年, 乌拉圭, 阿特兰蒂达, 埃拉迪奥·戴斯特设计的工人耶稣教堂, 薄薄的砖瓦外壳的特写

埃拉迪奥·戴斯特设计的工人耶稣教堂, 砖瓦外壳内部的凹形空间

板。3.18 cm 厚的大理石窗外表在白天显得冰冷而且不透明, 从里面看, 阳光照进了室内深处, 并且夹杂石头纹理的色彩。到了晚上, 这种关系就反了过来, 大理石封闭的空间变成了光线柔和的灯笼。

1996年彼得·卒姆托设计了瓦尔斯温泉浴场, 充分挖掘了石头创造仿真、持久空间的能力。浴场位于瑞士格劳宾登一个偏远的村子里, 外

SOM 建筑设计事务所的戈登·邦沙夫特设计的古籍善本图书馆地基的细节

SOM 建筑设计事务所的戈登·邦沙夫特设计的古籍善本图书馆外部的细节

SOM建筑设计事务所的戈登·邦沙夫特设计的古籍善本图书馆室内陈列的透光大理石

观是由许多薄石片构成的简单的直线几何形状。整个浴场看上去像一座采石场,与当地景观截然不同。卒姆托使用最少的材料来突出建筑的基本元素:石头、水和光。在该项目中,混凝土结构上覆盖着由当地瓦尔斯石英岩制造的长1 m的岩石板。被切割成三种高度的近6万块石板(每块石板的3条边总计近15 cm)创造了一种整体统一而又富有变化的意象。该建筑的内部空间有点压抑,令人联想到充满水的山洞。草皮覆盖的屋顶像一座采石场,独特的景观使瓦尔斯温泉浴场成为一座当代的纪念碑,古朴隽永而又充满现代感。

彼得·卒姆托,1996年,瑞士,格劳宾登,瓦尔斯温泉浴场

彼得·卒姆托,瓦尔斯温泉浴场外部细节

彼得·卒姆托，瓦尔斯温
泉浴场内部

环境因素

　　矿物开采会影响环境。大多数石头开采在露天采石场进行，需要移除覆盖物（即具有经济和科研开采价值的区域上面覆盖的物质，通常是岩石、土壤和生态系统，它们覆盖在人们需要开采的矿体上面），开采形成了巨大的露天矿坑。陶瓷黏土和壤土的开采也包括露天矿坑式开采；一些石灰岩、大理石和页岩则在地下开采。[4] 采矿会产生大量垃圾，堵塞并污染当地水道，还会释放有害物质并渗入到地下水中，产生令人担忧的侵蚀，造成生物多样性的破坏。控制径流的控水措施必须安排到位，任何新的采矿方式都必须有周全的计划，以保证地面景观可以修复。

　　尽管用于建筑的几种常见的石头和陶瓷黏土储量很丰富，但是在一些地区，加速城市化和对环境敏感区域的考虑限制了新的采矿手段的发展。壤土分布广泛，很容易获得，只需要挖掘很浅的深度，因此，1/3的人口的居所都使用壤土。[5]

　　由于土质材料重，它们的运输需要消耗大量能源。石头能在采石场被切割，不过通常在场外进行进一步处理或者"修饰"。石头需要运输距离越远，其消耗的碳足迹越多。陶瓷，尤其是铝氧陶瓷（通常用于零件中，比如电子绝缘、水龙头和机械密封器件）的制造，也需要大量内含能量（制造产品时需要的能量输入，这些能量被其带入市场，并被消耗掉）。陶瓷的生产过程消耗的能量是混凝土内含能量的大约50倍。[6] 然而建筑师常常这样解释这些能量：陶瓷很耐用并且可重复利用。石头、砖和黏土瓦片可以轻松地被重复利用，但是清除泥浆和其他黏合剂的过程中需要小心仔细，以保证材料完好无损。被打磨下来的材料可用作建筑和基础工程的填充物。

土质材料的热质量高，可在建筑中用于抵消白天的高温，降低温度负荷的严峻性，降低耗能并且增加使用者舒适度。[7]最佳的热质量材料密度高、热容高，是被动式太阳能设计中的有机组成部分。

佛蒙特中世纪采石场的岩石

冰岛，运输大石头的采矿卡车

毛里西奥·罗恰于2008年在墨西哥瓦哈卡设计的瓦哈卡造型艺术学院，图为夯土墙细节

1405年，韩国首尔，昌德宫，设计用来存储炕（地板下）热的墙壁的细节

突破性技术

尽管石头和陶瓷属于已知最古老的建筑材料,但它们仍然一直是研究的焦点。尤其是陶瓷材料成为近几十年重要科技进步的主题——比如使其具备高强度或者光学透明度的能力。这些新循环中的一部分与它们新石器时代的前身有很大的不同。就机械性能而言,本章涵盖的陶瓷、石头和其他基于矿物的材料,都具有很高的耐压强度。耐久性也是其使用中一个关键因素。在追求多方面的性能以及对相关工艺改进的时候,这一类的新兴技术充分利用了它们的优点。

由于陶瓷出色的耐热、耐磨和耐压特性,陶瓷材料在汽车和航空工业中占据很重要的地位。而由于非常出色的损伤容限、硬度和耐磨性,碳纤维增强陶瓷基复合材料尤其受到青睐。由于这些有利特性,制造商开始开发用作建筑覆层的碳纤维增强复合材料。

陶瓷在建筑结构方面可见的最新进展是赤土陶。尽管最早在19世纪初上釉的赤土陶就被广泛应用于建筑雨搭的制作,其几何形状非常标准,重量轻,可以在金属框架中提前安装。这些特点也使赤土陶取代了传统的砖石结构。

因为基于矿物的材料涉及高能耗的生产过程,制造商一直在努力开发低能耗的生产方式来取代——比如不需要加热和加压,通过化学作用生产的多功能墙板。这种墙板由氧化镁、膨胀珍珠岩和回收再利用纤维素组成,在常温条件下被倒入模具中,这个过程中会发热(释放能量的过程或反应,通常以热量的形式呈现），因此其制造过程不需要额外的热量。考虑到墙板和地板在建筑中普遍存在，采用放热材料可以显著提高建筑的环境性能。其他通过化学合成不需加热的材料包括由沙子、尿素和细菌构成的生物砖，这种非传统的砖通过方解石沉淀作用生成，而不是高温制造，它拥有和典型烧制砖同样的强度。

尽管喷釉工艺以及其他的对于陶瓷表面处理的方式早就使得陶瓷具有反光的特性，但是新材料采用了令人意想不到的异于传统的方式来处理光线。透明的刚玉和氧化铝陶瓷的可见光穿透率可以达到60%～80%，并且显示出比玻璃更高的强度和耐热性。透明陶瓷可能未来会用于抗爆抗热的窗户和透明防弹衣的制造。其他材料被设计用于储存光而不是传输光，比如光致聚合物，它可以在断电的时候照亮紧急出口，或者在阴暗的条件下改善照明，显示了材料更具应变性的能力。

新型计算及自动化生产方式提供了更多形式转换和影响转换的能力。数字图像烧制陶瓷把陶瓷釉料看作印刷油墨，加入了摄影成像的功能。另一种技术利用数字成像在陶瓷瓦片上做浮雕，以标准工业釉料作画，创造了一种照片式表面。石头表面也可使用先进的三维雕刻技术来刻画。这使得人们对于材料的基本形式的控制成为可能。

布雷博的碳纤维增强陶瓷基复合材料

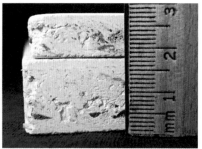

强化环保板，生态绿色建筑系统公司
（E-Green Building Systems）制造的
一种生产过程中会放热的墙板

弗劳恩霍夫研究中心研发的透明陶瓷

Photo-Form LLC 公司制造的照片雕塑瓦
片，把照片以浮雕的形式显示在釉面陶瓷上

突破性应用

以往的建筑大多基于矿物材料。这种材料已经使用了1000年, 并且一直存在。尽管现在很少对它们的表面进行处理, 也不用于承重, 但它们依然经常被用于现代建筑中, 传递着传统、持久和厚重的感觉。然而, 正是土质材料的这种与过去不可分离的联系使它们非常适合突破性应用。期望与物质、工艺、结构以及过程之间的联系越紧密牢固, 巧妙控制这种材料产生的影响也就越大。

一种常见的突破性方法挑战土质材料的支配地位。比如Studio Gang建筑事务所的大理石窗帘(2003年), 是一片巨大的薄石片, 镶嵌在悬架中。这件大理石窗帘挂在华盛顿国家博物馆的拱形顶棚, 高5.49 m, 由620片1 cm厚的半透明石片组成。石材瓦片被水刀切割成一连串的拼图式形状, 并被放置到纤维树脂膜上强化其结构。因为对石头进行拉力测验的结果有限(只有680 kg), 所以这种类似透光窗帘的对石头的不落俗套的应用方式令人称奇。

传统的石材具有不透光性, 这使得对于透光性的研究成为突破性应用的一个方向。如弗朗茨·弗埃戈(Franz Füeg)的瑞士梅根圣皮乌斯教堂(1966年)和戴蒙与史密特建筑师事务所在以色列耶路撒冷的外交部项目(2004年), 展现了由纤薄的半透明石片制成的建筑立面, 这些建筑立面包围着大型的公共空间。在这两个项目中, 这种应用方法利用了材料基于时间的双重表现, 当内表面或外表面其中一面发光的时候, 另一面是不透明的。

传统的施工手段也得到了改进。用于建造砖石建筑立面的常规方法，比如手工铺设、利用重力界定表面，在青木淳建筑规划事务所的日本青森县立美术馆项目（2006年）上受到质疑。该结构被由白色砖（这种砖常用于楼梯下面和墙壁）组成的完全单色的表面覆盖，这是对砖石在当代作为墙纸的使用方法的认可。在低层的地方，青森县立美术馆也广泛利用了土质地面和墙壁。土是一种原始而难处理的材料，在一个公共建筑里如此大规模的利用精确包装的土令人惊讶。赫尔佐格和德梅隆的达慕思酿酒厂（1998年）位于加利福尼亚纳帕山谷，他们利用了另一种出人意料的材料——岩石填充的金属笼，这种东西一般在水土流失项目中用于保持土壤（大型基础设施工程要控制土壤侵蚀），而不是用于建造房屋墙壁。

鉴于其悠久的手工制造历史，砖、瓦片和铺石的尺寸与人类手的大小密切相关。因而，砖瓦往往被认为可以赋予建筑温暖和人性，即使是预制好的。安藤素直在日本筑波市的Right-On大楼（2006年），探索了斑驳的砖围墙里原地手工铺装和机械预制之间的融合。精确建造的建筑立面展示了封闭的连续连接模式和开放的编织模式之间的无缝渐变——使光线可以渗透到里面——令人联想到英式的花园围栏。

2003 年，Studio Gang 建筑事务所，华盛顿国家博物馆的大理石窗帘

Studio Gang 建筑事务所的大理石窗帘，半透明石片的细节

青木淳建筑规划事务所，日本青森县立美术馆，2006 年，砖土墙面

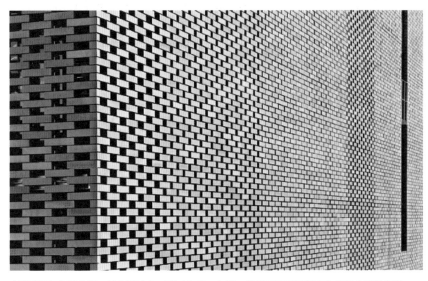

安藤素直，2006 年，日本筑波市，Right-On 大楼，外墙显示了逐渐变化的砖之间的空隙

日本爱知世博会西班牙馆

日本，爱知县
FOA 建筑事务所

外观

在日本爱知县世博会西班牙馆的设计中，FOA建筑事务所创造了一种建筑语言，表达了西方文化和中东文化的融合。展馆由大小不同的内部组块组成，形成了罗马式轮毂和中东庭院类型的空间。

这些空间被一个管状陶瓷砖制成的巨大外壳包裹着。受西班牙建筑中瓦片的使用方式启发，建筑师将建筑外立面做成了格子框架式结构。7种不同类型、6种不同颜色的六边形模块创造出连续且不失变化的模

陶瓷模块的细节

建筑立面以展示固态模块

式。50 cm×12.5 cm
的陶瓷单元被嵌在内
部钢筋支架上，无须
水泥砂浆。多层陶瓷
屏风与内墙分隔开
1.5 m的距离，创造了
一个缝隙状的空间，
可使行人通过，还可
以过滤光线。

陶瓷外壳

Chokkura 广场及庇护所

日本，栃木县
隈研吾建筑都市设计事务所

入口

　　1923年，弗兰克·劳埃德·赖特（Frank Lloyd Wright）设计东京帝国酒店时，指定以河石作为饰面材料。河石仅存在于日本栃木县一个24 km²的区域内，是一种火山凝灰岩，以抗火、耐腐蚀且易于加工而闻名。当时赖特选择河石，是因为这种石头丰富的纹理、色彩和良好的柔韧性，而且几个世纪以来，在日本关东地区（栃木县位于其中），河石已被用于建筑的墙壁和地基。在第二次世界大战之后的建设热潮中，河石石材开采量达到每年90万吨，这种情况一直持续到20世纪70年代，混凝土成为更受欢迎的替代建筑材料。[8]

　　因此，当有机会在由河石建成的废弃米仓遗址上设计大楼时，隈研吾把握机会利用了这种材料。Chokkura广场附属建筑包括社区大厅和

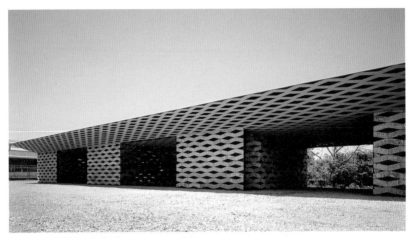

Chokkura 广场及庇护所

展廊，并且新建筑紧邻旧
建筑。隈研吾从不按常规
方法使用材料，受到河石
多孔性的启发，他用这种
石材建成一堵多孔石墙。
为了达成其使建筑非物质
化的强烈愿望，他对石墙
细部进行装饰，使材料看

多功能展厅

起来像是漂浮的。波浪状石头的方向改变几乎不碰到波浪的顶点，表现
出不可思议的轻盈感。实际上，这些石头由6 mm厚的钢板支撑，这种钢

板足够结实可以用来支撑这些石头，又足够轻薄使其近距离也不可见。这两种材料共同承担结构的作用，形成一个混合系统：钢与石头相互支撑。

Chokkura项目表达了隈研吾对轻盈感和材料真实感的追求，也表现出其对使用当地材料以及与当地工匠合作的兴趣。

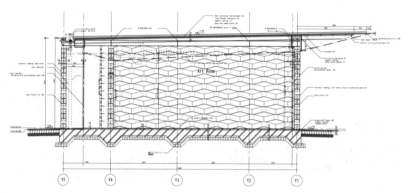

多功能展厅的剖面图

从前厅往里看

墙的实体模型

河石墙的施工图

河石与钢板的细节图

冈特拜恩酒厂

瑞士，弗拉茨
格拉马齐奥与科勒建筑与城市规划事务
所、贝阿斯与迪普拉彻斯建筑事务所

立面细节

　　当贝阿斯与迪普拉彻斯建筑事务所雇请格拉马齐奥和科勒来设计酒厂扩建部分的立面时，苏黎世联邦理工学院的研究者们只有三个月的时间来完成建设。客户要求这个新结构可以容纳一个处理葡萄的发酵房、一个存放酒桶的地下室和一个品酒的露台。贝阿斯与迪普拉彻斯建筑事务所很熟悉格拉马齐奥和科勒对机械生产的研究，它要求设计者应用一种机器驱动的预制方法来设计和建造扩建建筑外面的填充板。

　　格拉马齐奥和科勒基于一幅装满葡萄的篮子的画创造了一个抽象的数字模板，这幅画被伸展后覆盖在这栋建筑400 m²的立面上。他们在实验室

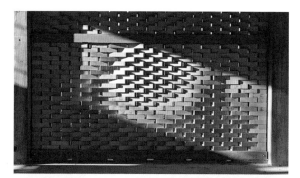

内部嵌板细节

嵌板细节

设计了一个装置,该装置可以用单独摆放的砖来建造嵌板,砖摆放的角度取决于葡萄画中单个像素的亮度。根据研究者的设计,建筑立面用砖块展现一幅图画,如同用像素展现图画的电脑屏幕,但是它又不同于二维的平面,三维的特性使其可以根据观察者的位置和太阳的角度而不断变化。通过自动化程序的控制将双组分胶黏剂用在砖块上,保证了嵌板的精确性。

吊车辅助嵌板安装   嵌板的现场安装

南立面

　　组成建筑立面的32块嵌板，由卡车运到工地，然后由吊车安置于相应位置。2万块砖朝向的改变，使光线从不同角度以不同强度穿过建筑物。砖块能够自然地缓和室外最高温度，同时安装在内部的聚碳酸酯嵌板可以阻挡风雨进入。

霍顿律师事务所新总部大楼

丹麦，哥本哈根
3XN 建筑师事务所

多面结构石头和玻璃嵌板的视图

　　新节能标准和更严格的环境法案给已经十分具有挑战性的建筑设计增加了复杂性。霍顿律师事务所的新办公大楼不仅耗能比丹麦环境法案要求的更低，它还做到了看起来不可能的事：每个员工的办公室都在角落里。3XN建筑师事务所力图证明高性能的建筑也可以有令人兴奋的形式。

　　事务所基于被动式太阳能设计的目标开发了这种立面。建筑师通过调整东西立面上窗户的角度来朝向哥本哈根北面的海边，大大降低了来自于玻璃窗的日照热量，降低了建筑能量负荷的10％。这种策略也形成一个高度动态的多维外壳，它由错落有致的多面结构面板组成。3XN建筑师事务所设计了表面覆有石灰华的隔热合成嵌板，它很容易融于复杂的幕墙系统的一个幕墙中, 这重新定义了采用传统石材立面的公司办公楼。这种嵌板由两块纤维玻璃板夹着隔热泡沫芯组成; 一层石材包裹在嵌板的外面, 轻型隔热优化板在视觉上表现出石头的纹理和质地。尽管这种设计背离了石头立面的传统, 但它保留了材料的精神——营造出悬崖峭壁沐浴在阳光下的景象。

大楼入口的视图

西立面

由中间夹着隔热泡沫芯、表面覆盖着石灰华

嵌板的实体模型

西立面上朝北的玻璃窗

从南面看西立面

立面细节

宁波历史博物馆

中国，宁波
业余建筑工作室

屋顶平台的纪念楼梯

　　建筑并非一幅静态图，更似一张可反复涂写的"羊皮纸"，这在建筑史上已屡见不鲜。一栋建筑及其材料的生命不是固定不变的，而是不断进化的。古罗马人从古老的建筑中偷窃建筑材料来建造新的纪念碑，而中世纪的人们掠夺纪念碑作为他们自己的建筑材料。考虑到建筑史上随着时间推移所经历的意义深远的材料的改变，未来主义者斯图尔特·布兰德在《建筑怎样学习——它们建成后发生了什么》（1995年）中建议，我们不应把建筑学定义为"建筑的艺术"，而应该是"建筑生命的设计科学"。

东立面正视图

东北角

竹模和瓦爿饰面浇筑混凝土

瓦爿细节

在中国饱受台风灾害的地区，使用瓦爿的实践演化成一种使用可用的材料快速建造墙壁的方法。业余建筑工作室设计宁波历史博物馆时选择了这种表面覆层方法，对政府为建造新商业区拆除几十个村庄时留下来的各种砖瓦进行了再次利用。负责人王澍带领当地泥瓦匠建造墙壁，给予他们极大的自由来垒放不同的砌块。手工垒放的瓦片产生了丰富的细节，弥补了博物馆的庞大笨拙，而随意排列的不同大小的缝隙蕴含着瓦爿建造墙壁这种方法的精神。

屋顶天台

瓦爿细节

带楼梯的内庭

　　在快速发展的当代中国，建筑拆除留下砖瓦残骸成为极其常见的现象。宁波历史博物馆的墙壁提醒人们不要忘记过去，它包含着消失的村庄的遗骨，成为一座"纪念碑"，充分体现了对历史的尊重。

第二章　混凝土

> 有种来自自然的粉末，创造了令人惊奇的结果……当这种物质与石
> 灰、碎石混合时，不仅可以增加建筑的强度，而且即使是建造在海上的码
> 头，它们在水下也非常坚固。
>
> ——维特鲁威（Vitruvius）

人们想用浇筑时柔软的黏稠液体复制石材的美观和持久，混凝土就是这种想法的产物。它被认为是第一种人造混合材料，并由于应用极为广泛，在建筑建造史上起着关键作用。[1] 混凝土展示出"简单"的特性——尽管其成分复杂且很难达到完美的程度，但它是一种足够简单的材料，可以大规模生产，并且被广泛使用。现在混凝土的应用十分广泛，年消耗量达50亿立方米，已成为世界上消耗量仅次于水的第二大物质。[2]

科技史学家安托万·皮肯说过："没有任何材料比混凝土与当代建筑的起源和发展联系更密切了"。[3] 由于在建筑施工中便于使用且普遍存在，所以混凝土已经成为现代建筑的代表和别名。一方面，混凝土代表着科技成就的顶峰，世界上最高的建筑——SOM建筑设计事务所在阿联酋迪拜设计的哈利法塔（2010年建成）项目说明了这一点；另一方面，混凝土也象征着现代建筑及其发展的单调和冷漠，典型代表是高度城市化地区到处都是单调乏味的建筑。

因为混凝土可以通过不同的方式使用，并且呈现许多不同形式，不同于砖和钢那种更为具体和可预见的特征，建筑师困惑于如何界定混凝土真正的本

第 50 ～ 51 页：C·H·史特伯福特（C·H·Stableford），1933 老场坊，中国上海

质。因其模糊的特性，⁴弗兰克·劳埃德·赖特将混凝土称为"混杂"材料。尽管其名字暗示固态及不可更改性，但是混凝土赋予了现代建筑前所未有的可塑性，安藤忠雄预言，混凝土可以接近波特兰石（这之后，水泥的现代变体，被命名为波特兰水泥）的美。其他方法包括寻找材料新奇、独特的表现方式。

1882 年，安东尼·高迪在西班牙巴塞罗那设计的圣家族大教堂的内部细节

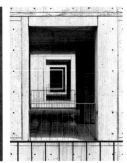

1963 年，由路易斯·康在美国加利福尼亚设计的索尔克生物研究所

2002 年，安藤忠雄在日本神户设计的兵库县立美术馆

1988 年，安藤忠雄建筑事务所在日本苫鹉设计的水上教堂的内墙细节

构成

混凝土由不同大小的集料和水泥黏合剂制成,水泥黏合剂用水激活。水泥包括石灰、硅、钙,常常还有铝和铁,并且有多种类型,包括类型Ⅰ(一般用途)、类型Ⅱ(中等温度水合作用)、类型Ⅲ(早期高强度)、类型Ⅳ(低温水合作用)、类型Ⅴ(抗硫酸盐化)。混凝土的合成通常要6份水、4份粗集料(碎石)、2份细集料(沙)和1份波特兰水泥。波特兰水泥最早由英国石匠约瑟夫·阿斯谱丁(Joseph Aspdin)于1824年发明,现在是被国际接受的标准水泥。它是由石灰石和黏土磨碎后的混合物经1400~1450℃高温烧结,产生A–水泥石和B–水泥石,它们是形成硅酸钙水合物和氢氧化钙的矿物,并且赋予混凝土一定的强度。

因为混凝土承受拉力性能较差,因而几乎都需要通过钢条、钢网和钢丝,或者三者混合来加固,它们在浇筑之前被安置好,以提供足够的抗拉强度。混凝土和钢材在这里得到很好地结合,因为它们有相似的热膨胀系数(温度每上升1℃,物体相应膨胀),同时混凝土也能保护钢材使其防火和抗腐蚀。混凝土可添加各种各样的添加剂,如催化剂、收缩减速剂或超增塑剂等,并且还可能包含补充的类似水泥的材料,比如炉渣或粉煤灰,作为部分水泥的替代物。

混凝土是通过放热反应生成的,这种反应源于水泥的水合作用(使混凝土硬化并且提高强度),一般需要28天达到最佳耐压强度。在建筑工业,混凝土根据浇筑地点不同,分为现场浇筑(现浇混凝土)和场外浇筑(预制混凝土)。

历史

　　考古记录显示, 石灰基砂浆的使用最早出现在公元前12000年, 古埃及建设者使用混凝土建造了金字塔。[5] 古罗马人进一步发展了这种材料, 新材料由浮石集料、生石灰和火山灰混合而成, 他们称之为opus caementi-cium。古罗马建设者将它们和手砌块石浇筑到垫板中, 并且通常用另一种材料覆盖, 如石头或者窑烧制砖。混凝土在古罗马建筑技术遗产中占据着重要地位, 它使拱门、穹顶和圆屋顶的建造更加方便, 克服了砖石工程面临的困难。118年建成的罗马万神殿有一个混凝土圆形大厅, 它44 m的跨度令人印象深刻——直至1700年后的19世纪, 一直是世界上最大的单体建筑跨度。[6]

　　混凝土的历史揭示了技术发展的不连贯的轨迹。尽管有用混凝土完成的伟大功绩, 但随着罗马帝国的衰落, 混凝土的应用大部分消失了。虽然历史学家指出中世纪欧洲混凝土的应用表明了混凝土使用的延续性, 但是比较少见。1300年以后, 三个重要发现使现代混凝土的生产成为可能。

312 年, 意大利, 罗马, 马克森提斯殿用砖覆装饰的混凝土拱顶的细节

118 年, 意大利, 罗马, 万神殿天窗的细节

1756年，工程师约翰·斯密顿用卵石和水硬石灰发明了一种混凝土混合物，水硬石灰遇水凝结。1824年，阿斯谱丁发明了波特兰水泥，它以产于英国多西特的波特兰岛上的石灰石命名。20年以后发明家约瑟夫·路易斯·拉姆波特发明了钢筋水泥，即我们所说的钢筋混凝土，浇筑混凝土制造水箱和船只时，通过加入钢筋以提高混凝土的抗拉强度。此后，工程师开始着迷于建造钢筋水泥建筑。1893年，厄内斯特·L·兰塞姆在加利福尼亚建成的太平洋海岸硼砂公司炼油厂标志着美国第一座钢筋混凝土建筑的建成。

现代范例

20世纪初，混凝土的时代开始了。钢筋混凝土最初被用于建设工业仓库和厂房，随后迅速被用于其他类型的建筑项目。1903年，奥古斯特·佩雷将这种材料用于巴黎一座公寓大楼的立面。他的追随者勒·柯布西耶在1914年发明的多米诺系统中展现了钢筋混凝土技术带来的新自由——这是一个典型的结构框架，去除了建筑物立面的承重要求——确立这一技术方法的概念意义。

虽然混凝土成为新的横梁式的建筑形态反复叠加的基础，这种建筑的特征是笔直的梁、柱、板，与典型的砖木结构一样，但勒·柯布西耶的朗香教堂（1955年）背离了这一理性系统。这座极具雕塑感的小教堂位于法国朗香，钢筋混凝土结构，并以砖石填充，外覆4 cm厚的砂浆涂层，喷射混凝土。沉重的屋顶是粗糙的清水混凝土或者混凝土原材料（béton brut），与白粉墙壁的表面形成鲜明对比。为了更加吸引人，建筑师故意加厚了建筑围护。最初看起来承担巨大重量的墙壁实际上并没有支撑建筑——墙壁顶端和屋顶之间10 cm高的水平槽揭露了这一点，水平槽里可以看到相对较薄的混凝土柱的侧面。

朗香教堂将混凝土作为塑性材料的处理可以模糊结构和表皮的区别，这启发了很多后来的设计。同时，还可将混凝土当作能够表达结构填充模

1955 年，法国，勒·柯布西耶，朗香教堂

勒·柯布西耶，朗香教堂，清水混凝土和砂浆墙的外观

勒·柯布西耶，朗香教堂，天花板附近透光缝的内景

式的优化组合的物质。路易斯·康的金贝尔艺术博物馆是利用这种方法的典型例子。11 148 m²的博物馆于1972年建于德克萨斯州的沃思堡市，它由线性走廊、微型组件阵列和三个空隙式花园中庭组成。其钢筋混凝土架构既十分合理又令人惊奇：清水混凝土柱标记出了走廊的垂直拐角，而相对纤细的61 cm×61 cm的柱子不可思议地支撑了30.48 m的跨度。此外，屋顶看起来是筒拱结构，然而沿拱顶的顶点插入了一个76.2 cm宽的线性空间来接收光线。每个半拱实际上是后张拉力钢筋混凝土的圆形壳——这个建筑特点不仅代表了一种独特的结构解决方案，同时，精美的表皮还可扩散阳光。

路易斯·康去世后，安藤忠雄的作品代表了清水混凝土建筑的顶峰。[7] 安藤忠雄对清水混凝土深刻的理解体现于他职业生涯早期的作品中，比如1976年的住吉的长屋，而最著名的经典之作或许是日本大阪茨木的光之教堂（1989年）。这个占地面积113 m²的私人小教堂是一个由简单的线性钢筋水泥的围墙圈出来的独立空间，这个围墙被一个成15°夹角的墙穿透，围合成一个外部花园。光滑得出奇的混凝土表面意味着一种最严

密的施工工艺。简约的空间从一侧被两个相互垂直并交叉的孔隙穿透——可以解释为一个空十字架。如同朗香教堂和金贝尔教堂，这种孔隙令人惊奇，因为墙壁上方的1/4是没有支撑的，这座建筑引发对庄严和失重感的双重解读。

1972年，德克萨斯州，沃思堡市卡恩，金贝尔艺术博物馆

金贝尔艺术博物馆内部

1989年，安藤忠雄建筑事务所，日本，茨木，光之教堂外立面

安藤忠雄建筑事务所，光之教堂内部

环境因素

从物质资源的立场来看，混凝土是一种适应性很强的材料。其主要组成成分（碎石、沙子和水）几乎随处可得，并且水泥也相对比较容易获得。配料可以用各种集料和增补的黏性材料来定制，这增强了它的吸引力。混凝土提出的一个环境挑战是水泥熔渣的生产需要消耗大量能量。

尽管水泥只占混凝土总重量的12%，却占94%的内含能量——大约3 MJ/kg。由于混凝土巨大的产量，这种材料约占全球碳足迹的6%~8%。每生产1吨波特兰水泥，大概向大气释放1吨二氧化碳。不过最新的窑炉技术已经将水泥生产所需能量大大降低，并且未来的水泥窑炉或许能将能量水平最低化至2 MJ/kg。现场搅拌站将混凝土的运输能耗最小化，并且高性能混凝土的使用能够降低建筑所需材料的总体积。

混凝土浇筑需要大量水，通常必须是饮用级别的水，因为杂质会导致材料渗斑和染色。目前正在开发咸水混凝土，将使沿海建筑可以使用海水制造的混凝土。高掺量粉煤灰混凝土（HVFA混凝土）用煤生产的副产品粉煤灰来抵消混凝土生产中占很大百分比的水泥。HVFA混凝土不仅变废为宝，而且消耗的不必要能源比传统的混凝土更低。与罗马建设者收集的用于制造混凝土的凝聚性火山灰一样，工业粉煤灰包含60%~90%的精细硅颗粒，有良好的压实性，可以制成比传统水泥更持久的混凝土。尽管粉煤灰含有微量铅、汞和二噁英，但相比筑成混凝土，这些物质更容易从填埋场渗透出去。HVFA混凝土通常需要更长的凝结时间，并且处理时必须比普通混凝土更小心，以保证强度的一致性。

严格来说混凝土是可以循环利用的，从拆毁建筑中得到的混凝土可以被压碎用作制造新配料的大块集料。现实中更多的是下降循环，再利用的

热水泥熔渣

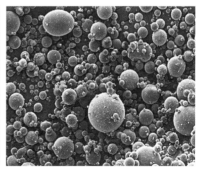

粉煤灰微粒

混凝土多用于修路或者其他低级的建筑。但是，比起只是用新材料，这种使用方式需要更多的水泥，增加了碳足迹，抵消利用循环集料的益处。

当用于建筑表面时，混凝土具有高热容，可以帮助实现被动式太阳能策略。这个特性使得混凝土可以吸收、存储，然后释放大量的热，导致建筑的热载荷高峰推迟和降低。这种热容效应可以影响一定范围内的温度，尤其是当混凝土裸露在建筑的外表面的时候效果最好。

隔热混凝土提供了另外一种降低能耗的方式。由浇筑后仍存在的隔热结构模块组成的隔热混凝土具有高阻热性，R 值通常超过17（R 值即热阻值，是建筑业常用的检测阻热性的方法——R 值越高，隔热效果越好）。

突破性技术

钢筋混凝土在技术层面具有两面性。一方面，作为现代建筑的实用材料，混凝土无处不在，这使其成为最普通、最可预料的、最简单的材料。另一方面，混凝土已经成为热门的研究主题，这是因为混凝土不仅需求量大，而且混凝土技术发展到今天已变得多样化和复杂化，并且常常会出现意想不到的结构。这里描述的突破性技术承认混凝土的普遍存在，推进它的实用性，还挖掘其艺术潜力。

由于混凝土生产过程中会产生大量的碳排放，人们协同努力开发新技术以更有效地利用资源。碳纤维强化混凝土以强化纤维代替了传统的钢材，与钢筋混凝土相比，降低了66%的重量，减少了运输成本和碳排放。

超高性能混凝土（UHPC）同样将强度重量比最大化，通过加入硅粉、超增塑剂、石英粉和矿物纤维来制造具有高强度和延展性并且超级抗冲击、抗腐蚀、抗磨损的材料。尤其是它的高压缩性能和弯曲强度，使人们可以用更薄的结构部件实现长跨度建筑的建造。一些高性能混凝土包括不同方向的纤维玻璃层，以消除对钢铁的需求，这使其重量更轻，弹性更高，并且具有超级阻燃性。高性能混凝土的一个惊人的变化是它可以在压力下弯曲。混凝土中的强化纤维独立于集料和水泥，所谓的工程水泥复合材料在存在水和二氧化碳的情况下，用碳酸钙填充细微裂纹来实现自我愈合，有希望实现比传统混凝土更长的使用寿命。

由于混凝土被普遍使用，科学家热衷于改善它的性能，尤其是在降低环境污染方面。其中一个目标是环境治理，这涉及改善材料的制作工艺来实现自身环境的优化（例如通过光催化作用来减少空气污染）。光催化作用混凝土可以在太阳光的辅助下降低当地空气污染的程度。混凝土水硬性黏结料中的二氧化钛产生有害颗粒，比如氮氧化物和不稳定有机化合物，在光照下可以分解为无害的物质，改善空气质量。这种混凝土也有自净能力，并且有机物质会降解，比如泥土、油和污垢，而不是保留在材料的表面。另一种补救环境的材料是可以吸收二氧化碳的混凝土，它含有大量氧化镁，当它愈合时从空气中吸收大量二氧化碳。

阿尔特斯·普瑞卡斯特（Altus Precast）公司生产的碳纤维强化混凝土

里德尔混凝土有限公司（Rieder Faserbeton-Elemente GmbH）生产的碳纤维高性能混凝土

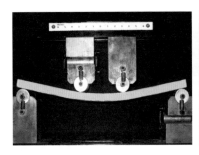
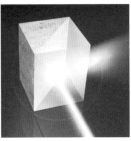

工程水泥复合材料,又被称为可弯曲混凝土,由密歇根大学研发

意大利水泥集团的 TX 活性光催化混凝土,在阳光下降低当地空气污染

作为一种由多种成分组成的混合物,混凝土激发了无数次的基本配方的改进。其中一种改变是在保持混凝土性能的前提下增加或者用废料替代一种成分,这种改变使废物变成资源,并且降低了新材料的用量。美国每年会产生大约1.25亿吨煤燃烧的副产品,环境保护机构设立了一个目标,将这些副产品的50%再用于商业应用。[8] 前面提到,废物再利用制成的混凝土利用了粉煤灰,硅粉和煤炭生产产生的炉渣——这些材料可以代替80%的传统水泥,而这部分传统水泥的二氧化碳排放量占全球排放量的8%。[9]

另一种再利用方法包括了废弃玻璃的再利用,美国每年有超过700万吨废弃玻璃被送去垃圾填埋场。[10] 包含废弃玻璃的预制混凝土可以重新利用,其中含有75%的消费后和工业使用后的玻璃,而它们本来要送去垃圾填埋场。

从21世纪初开始,世界各地的研究人员都在致力于半透明混凝土的研制,尽管每种方法都是独特的,但它们都将聚合物加入到预制混凝土砌块或者平板中,使光线可以穿过不透明的混凝土。其中一种方法是利用数千条内置的平行光纤束;另一种方法是利用固体透明塑料棒;还有一种办法是利用半透明织物。每种技术使光纤和阴影穿过几十厘米厚的墙，颠覆了混凝土一定不透明的想法。透光材料以固定间隔穿插在混凝土中，结合LED照明，使混凝土视频屏幕的建成成为可能。

数字化生产的新方法已经影响了混凝土的制造和表面处理。一种叫作轮廓工艺的工序使混凝土在建筑建造时能够进行三维打印。数字化控制程序利用有机械电枢的高架移动起重机，将多层材料放到基座上，建造大型建筑。数字工具也提高了控制水平，丰富了混凝土结构中能够完成的几何控制的种类，比如使混凝土表面可以呈现高分辨率摄影照片或者复杂的浮雕图案。

美国 Meld 公司生态 X 强化纤维再利用玻璃混凝土　　SensiTile 系统公司的 Pixa 混凝土视频画面

突破性应用

混凝土继续展现出其在结构和表面应用方面的重要潜力。混凝土曾经局限于低矮结构或者建筑，但是现在混凝土已经展现了它在建造前所未有的高度建筑方面的潜力。于2010年建成的哈利法塔是世界上已建成建筑中最高的建筑，高828 m，远超它建成时的原世界最高建筑——台北的101大楼（李祖原联合建筑师事务所，2004年）——高出了300 m。通过使用新的高强度混凝土技术，这个里程碑标志着世界最高建筑第一次用混凝土建造而成，而以往摩天大楼的历史很大程度上是对钢结构发展的研究史。[11] 高性能混凝土的进步和浇筑方法的创新不断开拓材料发展的新领域。

2010 年，阿联酋，迪拜，SOM 建筑设计事务所，哈利法塔

另一个出人意料的发展是混凝土拉力特性的研究。阿尔瓦罗·西扎设计的葡萄牙世博馆（1998年）展示了弯曲的薄混凝土壳屋顶，每个混凝土壳末端由钢缆支撑。他建造了一个吊在两个支撑柱之间的具有很长跨度的混凝土屋顶，这是关于韧性混凝土可以在压力下弯曲的大胆尝试。

除了性能的提高，建筑师也在追求复杂混凝土外壳建造中结构和表层的整合。史蒂芬·霍尔的麻省理工学院学生宿舍西蒙斯大厅（2002年）项目的灵感来自于海绵内部的几何形状，所谓的perf-con（穿孔混凝土）模型目的在于提供最大的设计灵活性以及增强学生间互动的可能。扎哈·哈迪德将德国沃尔夫斯堡Phaeno科学中心（2005年）设想为一系列从城市景观中升起来的混凝土眼睛。这些眼睛不仅支撑着这栋没有传统点状支撑柱的大楼，也构成了博物馆的空间序列。

安藤忠雄对清水混凝土娴熟的应用，不断激发着对最终品质的完美追求。瓦伊洛和伊利加莱事务所的珠宝D项目（2007年）坐落在西班牙潘普洛纳，它采用超薄、精密加工的预制混凝土板，创造了一个平缓起伏的空间。特拉汉建筑事务所在路易斯安那州巴吞鲁日建造的圣玫瑰教堂大楼（2004年），以其明亮反光的混凝土展现了优越的精细化水平。受到光催化水泥发展的影响，白色混凝土的使用增加，降低了当地污染。例如，理查德·迈耶在罗马的禧堂（2003年），是由一系列的鳍状结构组成的，含有高浓度二氧化钛的白色混凝土覆盖着这些鳍状结构，它已被证明可以减少当地的二氧化氮污染。

史蒂芬·霍尔建筑师事务所，麻省，剑桥，MIT 的西蒙斯厅

1991—1996 年，安藤忠雄建筑事务所在日本兵库县设计的姬路市文学博物馆内部的细节

混凝土可透光的能力一直吸引着建筑师，半透明混凝土已经被应用于更大的尺度。詹保罗·因布里吉设计的上海世博会意大利馆：人之城（2010年），就利用I.LIGHT透光水泥制造了发光混凝土板。这种100 cm×5 cm规格的混凝土板由具有20%的透光系数的塑料树脂基质组成。这些板子覆盖了展馆外部的40%，顺着光线方向看这些板子是实心的，而逆光从板子背面看去则是半透明的。即使材料本身是不透明的，也可以制造一个引人注目的透光效果。比如VJAA为位于明尼苏达州卡里吉维尔的圣约翰教堂（2008年）设计的立面使用了定制的混凝土砌块，通过砌块中的尖角引导光线，在墙上形成许多间接的小孔使墙面变得活泼生动。

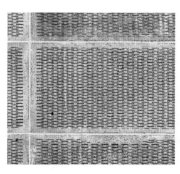 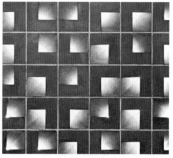

2010 年，詹保罗·因布里吉设计的上海世博会意大利馆——人之城的 I.LIGHT 透光混凝土板的细节

2008 年，美国明尼苏达州，卡里吉维尔，VJAA 事务所设计的圣约翰教堂的发光混凝土砌块的细节

布鲁德·克劳斯田野教堂

德国，梅谢尼希
彼得·卒姆托

外部视图

　　彼得·卒姆托的布鲁德·克劳斯田野教堂独自矗立在一个空旷的地方，开始看起来像一块和周围环境没有联系的巨石。人们可以通过一条砾石小径来到一个独立的由一块大铁板标记的三角形入口，偶尔有游客或建筑朝圣者穿过这扇门。教堂里面是一个黑暗的，如子宫般的空间，圆锥形的空间垂直向上，正对着屋顶上的泪滴状的开口。墙壁上有灰白色的棱纹，有很多细孔。

　　这个教堂是受一对农民夫妇赫尔曼·约瑟夫和特鲁德尔·沙伊特魏勒委托，为了纪念瑞士人圣尼克劳斯·冯·弗鲁格（克劳斯修士）而修建的。他在生命的最后日子里成为一个隐士，住在山谷中。卒姆托建造这座"建筑裂缝"的第一步是在一个水泥平台上用从当地的森林砍伐的

112根修长的树木构造了一个帐篷的形式，并将整个结构包裹在混凝土中。这些混凝土被倒入50 cm高的放置层中，每个放置层都用木材手工压实。卒姆托将这种河卵石、黄沙和白水泥的混合物称作"夯混凝土"，部分原因是它有点像夯土。每天浇筑一次混凝土，经过24天，最终建成了这座12 m高的塔。

第二步，建筑师点燃里面的木材，燃烧持续了3个星期。燃烧后留下一个烧焦的有圆齿状隆起的黑色表面，这是树木曾经矗立的地方。混凝土墙上留下的孔，给墙壁增加了闪闪发光的效果。当地工匠利用融化的铅锡合金处理地面，创造了一个斑驳的表面，可以使从天窗进入的强光发生散射和漫射。

空旷背景下巨石般的教堂

天窗的内景

入口

墙角细节

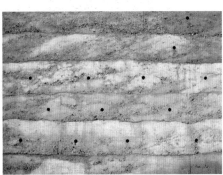

有带状孔的夯混凝土墙的细节

Cella Septichora 游客中心

匈牙利，佩奇
巴克曼和巴赫曼建筑事务所

从外面投影过来的阴影的细节

　　混凝土被赋予强烈的结实和庄严的内涵；混凝土的英文单词"con-crete"的意思就是"固体"、"真实"和"不可更改"的东西。匈牙利建筑师和发明家阿荣·劳森科茨（Áron Losonczi）发明了透光混凝土（Li-tracon），在2004年匈牙利国家建筑博物馆的液体石材展览上呈现在众人面前时震惊了世界。2001年之前，混凝土的透光性是人们梦寐以求的。加入4%的光纤并使其与预制模块的厚度方向平行，可以使混凝土在不牺牲结构强度的情况下，传递光和影子。

　　在Cella Septichora游客中心的设计中，巴克曼和巴赫曼建筑事务所应用了劳森科茨的颠覆性技术设计了入口的重要组成部分。建筑师在大型钢结构里面放置10 cm厚的透光混凝土块，创造了可以作为门使用的固体混凝土墙——一个2吨重的可折门板。在旅游高峰时间这个混凝土墙被打开以接纳大量人群。透光混凝土的使用象征着建筑保护联合国教科文组织世界遗产的功能：正如考古学家发现了在深深的沉积层下面的复杂的早期基督教墓地，建筑师使用透光混凝土使人们可以知道穿过固体混凝土的墙的另一边是什么。白天，建筑使用者可以看到经过的行人的影子；晚上，建筑从里面照亮，向人们展示了它的内部。

墙的样品

立体光源的原型

游客中心的入口

内部

巴黎巴士中心

法国，蒂艾
ECDM 建筑事务所

南侧立面

　　城市环境中水分无法通过表面下渗。在商业和工业发展下，巴黎巴士中心所在的这块区域被混凝土、沥青或者建筑房顶覆盖着的部分占2/3，沉闷的低扩散系数（储热和散热）环境会使建筑周围环境不受欢迎，但ECDM建筑事务所决定勇敢地将它设计为混凝土材质的交通枢纽。巴黎巴士中心连接着抵达巴黎南部和东部的公交线路与从这里出发的公交线路，它每天服务300辆巴士和800位巴士司机。这栋建筑材质均一，如同从地面挤出来的巨大平台，其入口和采光通过策略性的玻璃空间设置突显。

　　从远处看，这栋建筑像一整块混凝土覆盖在场地上。而实际上它的内部由更为精致的材料——Ductal高性能混凝土组成。与传统混凝土相比，它非常柔韧、耐用，而且质量轻。这种混凝土在只有3cm厚的模板内预制。

为了展示Ductal混凝土的超塑性,建筑师设计了这种模板以清晰地表现材料表面上点状凸起的图案,这种图案的精密对混凝土来说是不可思议的。这些只有7 mm高、直径24 mm的点使人联想到乐高积木,给单调的建筑内部增加了纹理和艺术性的变化。

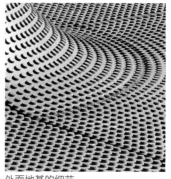

外面地基的细节

建筑师也将这种混凝土板用在了建筑周围的水平铺装面,这创造了一个内凹形的地基,将模块嵌入垂直的墙板,这就像地面被提起,形成了一个吸引人的波浪。弯曲的护墙增强了曲面的连续性,传递了建筑师的理念:这座建筑没有明确的起点和终点。

模糊了墙和地基之间界限的入口的细节

东侧立面

萨拉戈萨桥

西班牙，萨拉戈萨
扎哈·哈迪德建筑事务所

萨拉戈萨桥中间部分的特写

　　扎哈·哈迪德设计的"被遮盖的桥"位于西班牙萨拉戈萨，这座桥的独特之处不仅体现在下面高速穿过的赛船，更体现在它的流线型的、柔缓的弧线外形。这个6415 m²的建筑被设计作为2008萨拉戈萨世博会的多层入口大楼，接纳横跨埃布罗河的行人，并提供展览空间。这座270 m长、30 m宽的桥包括两部分，通过支撑在下面小岛上的一个竖直桥墩连接在一起。一端的三个三角形钢桁架与另一侧的桁架相交，以六角箱形梁作为上弦，行人通道的钢板作为下弦。

桁架被FibreC高性能混凝土制成的
板覆盖。这种板由沙子、水泥和10％玻璃
纤维制成，由于中间有纤维束，因此该结
构不需要钢筋加固。不用钢筋使得可以制
造非常薄的板子，与传统的钢筋混凝土相
比，可以适应更复杂的几何形状。29000
块三角形板和精确选定的空间节点构成
了萨拉戈萨桥的外表皮。繁复的组装令人
联想到复杂的多标量的膜，如鱼或蛇的皮
肤，它们是由许多小的有角度的鳞片组成
的表面。

高性能混凝土板的细节

桥的中间部分的特写

迪拜 0-14 塔

阿拉伯联合酋长国，迪拜
杰西·赖泽和梅本奈奈子

外部细节

　　最近20年，高层建筑的设计越来越依赖斜肋构架，这种构架是一种增强硬度的钻石状晶格结构，给结构和外皮间的多种结合提供了可能。在斜肋构架广泛用于钢结构的同时，混凝土技术的进步和越来越精巧的结构工程软件的出现使钢筋混凝土在高层建筑设计中的应用成为可能。混凝土拥有比钢结构更大的设计自由度，常常可以在视觉上模糊结构和外皮的区别。

　　杰西·赖泽和梅本奈奈子的迪拜0-14塔是自由演绎混凝土刚性的代表。0-14塔是一栋高21层、面积31 400 m²的办公塔楼，位于著名的迪拜海滨广场旁。这座塔楼有一个多孔混凝土外壳，夹在矩形平面的中间，使这座建筑看起来更像一个自支撑管状物。0-14塔拒绝了传统的幕墙，取而代之的是多层的立面：混凝土外壳和内层的玻璃层。外面的混凝土外壳可作为遮阳装置和1 m深的替代通风井。

外部视图

根据结构上的需要、最小直接光照和视野良好的要求，建筑师们在混凝土外壳中设置了大约1300个大小不等的缺口，这些缺口是在浇筑高强度自成一体的混凝土之前，通过插入计算机数控的内含密集包装钢筋束的聚苯乙烯空格（void forms）制成的。形成的这种生物形态的结构隔膜是没有预期的楼层线、垂直立柱和窗棂线的塔楼立面，它颠覆了对尺度和工程的传统理解，同时也增强了建筑的环境性能。

塔楼入口

外缺口内部的视图

第三章　木　材

生态系统中的能量和矿物营养流往往以特定物种的现实的动物和植物来体现。

——伊恩·G·西蒙斯（Ian G. Simmons）

在有文字记载之前，木材就已经被用于建造房屋，并且是最为人熟悉和青睐的材料之一。在被砍伐之前，木材是一种生物，它的组织与人类皮肤的细胞结构类似，因此它能传递一种触觉上的温暖感。木材坚硬、质轻、温暖并且触感好，但和任何自然材料一样，容易受到侵蚀。同时它易于创造和毁灭：可以用于建造房屋，也可以作为燃料。据建筑师路易斯·费尔南德斯·加利亚诺（Luis Fernández-Galiano）所说，"原始棚屋和原始的火是分不开的"这种耦合解释了"建筑从神话、仪式或意识中诞生的这个奇异而不可重复的时刻"[1]。

石头和木材与最初的居所形式有关。石头代表着被发现的地方（山洞），木材意味着被建造的地方。木材和原始棚屋的形象密不可分。建筑师保罗·波尔托盖西（Paolo Portoghesi）说："在中国古代，表示'树'和'房'的字符非常像，以至于很容易弄混。树就是原始人的家，被砍下来的树干就是庄严的柱子的原型"[2]。实际上，石柱及其叶形装饰就是抽象的树的形象，新石器时代以前的建筑就是树林或者原始森林的建筑学变体。

第 78~79 页：斯诺赫塔，奥斯陆歌剧院，木墙内部细节，挪威奥斯陆，2007 年

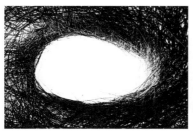

2002 年，帕特里克·多尔蒂在华盛顿塔科马玻璃博物馆设计的"野性的呼唤"——用树枝和树苗搭建的"眼"

15世纪早期，日本，京都，金阁寺，Genka-sen 井

1750 年，中国，北京，颐和园里的木制凉亭

建造

木材源于转化到生物体内的物质和能量。这是一种木质纤维材料，运输营养和水分的植物组织维管束为其提供了结构支撑。木质由刚性的、沿液体流动方向伸长的细胞组成。细胞壁含有40%~50%的纤维素、20%~30%的半纤维素、20%~30%的木质素和10%的萃取物。纤维素提供了拉力强度，是地球上最丰富的自然材料；半纤维素作为一种填充物，提供了压力强度；木质素相对坚硬，提升了细胞的硬度。木材是一种高强度比的异向性材料，异向性意味着在不同方向有着不同的特性。它还具有吸湿性，可以从环境中吸收或吸附水分子。木材的导热系数低，一棵树就是一个碳存储库，它在整个生命周期中将二氧化碳转化为氧气，将碳存储起来。

30 000多个树种在特征上展现了非常丰富的多样性，其中常用于工业的有500多种[3]。木材品种被分为软木和硬木。软木来源于常绿乔木，结构相对简单；硬木来源于落叶阔叶树，它的形成较为复杂。在建筑中，软木一般用于结构框架和面板，而硬木一般用于木制品和饰面。

历史

许多原始人住在森林里或者森林周边，他们有将木材作为建筑材料的丰富经验。尽管木材应用于建筑的历史悠久，但由于木材易被侵蚀和烧毁，木质建筑往往寿命短，所以早期的木建筑仍笼罩在神秘之中，古代留存的木建筑非常少。木建筑向石砌建筑的转变，以及描绘木结构的古代绘图和文字说明，提供了有关早期的木建筑实践的线索。

有记录的最早的木材应用出现在公元前20000年，史前经过改良的树干被用于支撑房屋。欧洲人记载的建筑技术起源于公元前9000年。公元前2500年，埃及人用木材做家具和棺材，在公元1年之前，希腊和罗马人将木材广泛用于船、桥、建筑、马车和家具的建造。

尽管在大型地标建筑中，石材的使用占支配地位，然而大规模建筑使用的材料并不局限于石材。精巧的木构架技术的进步使木材也可以用于建造引人注目的、耐用的建筑。例如11~13世纪挪威的木板教堂和8世纪日本奈良的东大寺，后者现在是世界上最大的木结构建筑。中世纪时期木材被进口到缺乏密集森林的地区，这种运输的需要刺激了材料的高效使用。除了建筑，木架构方法还用于建造大型构造物，比如桥、塔和大坝。直到17世纪，木材仍是工程领域的主要材料[4]。

现在，木材通常用于小型的住宅建筑。有趣的是，现代的木架构发展出来一个内部矛盾：架构部件本身强度不足以支撑剪切负荷，因此建筑表皮必须足够坚硬。结构和表皮的相互依赖是木建筑的标志性特征，并且建筑师也常常模糊了二者的区别，导致木材可以用于表达多重含义：力量和柔美，重量感和轻盈，深度和表面。

17 世纪，日本京都金阁寺仪门的板条木屋顶

1947 年，美国威斯康星州门县 的 Bjorklunden，仿制的挪威利勒哈默尔木板教堂

18 世纪，日本，奈良，东大寺

现代范例

工业革命导致了高度工程化的建筑构件的大规模生产，包括为特定功能而改造的木材。这种发展不仅促进了小型建筑（比如单个家庭住宅）的快速建造，还催生了一种更关注成本而不是创新的产业。因此著名的现代木建筑作品都十分明确地要发掘该种材料的独特优点——比如温暖、轻盈和雕塑般的流动感——这些优点是传统木建筑形式所没有体现出来的。

弗兰克·劳埃德·赖特在1936年为赫伯特和凯瑟琳·雅各布斯设计的雅各布斯住宅，规模适度，理念很大胆。雅各布斯住宅体现了赖特对未来家庭住宅的想象，显示出木材产业化的巨大潜力。这栋房屋的设计基于一套精密的组件，这套组件起源于0.6 m×1.2 m的格子，房屋的墙壁和地板由极小的材料组成，体现了最大程度减少材料使用的理念。没有框架的墙壁由竖直松木板制成，这些木板夹在雪松板条中间，这使墙壁只有6.35 cm厚，薄得令人难以置信。墙壁和顶棚上交替的条纹图案与当地木建筑相比，更多让人联想到的是应用了帐篷面料。

弗兰克·劳埃德·赖特 (Frank Lloyd Wright)，1936 年，美国
威斯康星州，麦迪逊，雅各布斯住宅

赖特的雅各布斯住宅，
带有播种筒的屋角的
细节

阿尔瓦·阿尔托调整了赖特的有机建筑理念，
尝试寻求一种更加人性化的审美，他意识到木材加
工日益机械化的趋势[5]。这种审美强调木材固有的
温暖和触感，以及它在弯曲胶合板家具中实现的可
塑性的优点，目标是"给生命一个温和的建筑"[6]。

赖特的雅各布斯住宅，
雪松板条的细节

阿尔托著名的纽约世博会芬兰馆不仅体现了温暖和触感，还彰显了它的
宏伟壮观。当游客进入这个简单直线型的建筑后，立马就会看到近16 m
高的蛇形墙，这座竖直木条组成的墙上间隔悬挂着芬兰工业生产的照
片。巨大的波浪状表面向外倾斜、引人注目，似乎在强调芬兰原生林的庄
严和不稳定。

费·琼斯设计的索恩克朗教堂展示了木材的宏伟和精美。该教堂
于1980年建在美国阿肯色州尤里卡温泉旁边的一个森林里面，这座宽
7.32 m，长18.29 m，高14.63 m的建筑显得比它自身的规模大得多。
它是一个从卵石地基上跃升起来的，由标准木材部件组成的复杂薄掐
丝网状结构，而这些部件都是靠步行运送到偏远的工地。内部空间由

一系列被严密隔开的格子结构界定，这种结构让人想起哥特式建筑和 557.42 m² 玻璃立面周围的树林。教堂看起来很脆弱，木材部件的中间交叉点又增强了这种感觉，将人们认为应该要加固的地方空了出来。

阿尔瓦·阿尔托，1939 年，纽约世界博览会芬兰馆的蛇形墙

费·琼斯，1980 年，美国阿肯色州，尤里卡温泉，索恩克朗教堂

费·琼斯的索恩克朗教堂内部

环境因素

木材是一种可再生材料，也是一种完全可循环利用的生物营养素。木材的组织是水从土壤中运输来的微量元素和从空气中吸收来的二氧化碳的产物。在叶绿素和阳光的辅助下，生物体形成并释放氧气。木材包含大约50%的碳，这些碳会一直保存在木材中，直到腐烂或者被烧掉（这时候就会释放水、二氧化碳和能量）。因此，森林和木材产品是重要的地球碳汇。每年仅欧洲的森林就储存了向空气中排放的二氧化碳量的20倍[7]。碳固存的倡导者

认为以木材为建筑材料不仅可以提高碳存储能力，还比使用混凝土和钢铁更环保，因为后两者在制造过程中会释放二氧化碳。

森林覆盖了全球陆地面积的1／3。近几十年来，森林覆盖区域在发达国家增长了3%，而在发展中国家却以9%的速度在减少[8]。现代林地管理方法已被广泛采用，以维持健康和高产的森林，同时降低发展中国家森林衰减的速度。受可持续发展的原则启发，会计师及采矿管理师汉斯·卡尔·冯·卡洛维茨在其1713年发表的论文《造林经济学》中首次提出了森林管理概念，后来世界环境与发展委员会（由联合国环境规划署建立）于1987年的《布伦特兰报告》中，批准森林管理包括产地和产销链许可制度，目的是使非法砍伐树木最小化，保证森林的可再生能力[9]。现在国际上使用的森林认证计划由许多组织运作，包括森林管理委员会（FSC）、森林认证方案支持计划（PEFC）、美国林场系统（ATFS），加拿大标准协会（CSA）、可持续林业倡议（SFI）。

尽管担心森林被采伐，环保主义者仍然支持使用基于木材的建筑产品，因为制造木材不需要太多能量，而且与其他耗能大的建筑材料相比木材建成的建筑更为环保节能。木材的砍伐、打磨、烘干和运输消耗的能量比较低，并且经济

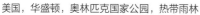

美国，华盛顿，奥林匹克国家公园，热带雨林

工程木材资源公司生产的工业化后的木纤维制成的实木复合木材

投入也相对比较低。所以，可以说木材是最丰富、最便宜的原材料之一。

现代木材的产业化和原始森林的减少已经导致劣等材料制成的工程木材产品的增加。尽管工业化前建筑的木材结构部件通常直接由成龄树制成，但现在它们由多种更小片的、年轻的树木和胶水制成。现代的单层板材、胶合板和芯板比早期的木质产品包含更多的胶水和填充材料，这导致它们适应收缩和膨胀的能力减弱，这种收缩和膨胀是由受潮和水蒸气扩散引起的。因为建筑表皮细节里最微小的误差也可能导致工程木材料中的真菌生长和腐败，因此当代木建筑的特点是严密的施工公差。此外，也必须小心控制或者避免有毒涂层，因为用于延长木制产品寿命的一些防腐剂、密封剂和涂料可致癌，并向室内环境中释放废气。

近年来对再生资源不断增长的需求已经刺激制造商用快速再生的原料制造建筑产品，比如竹子、秫和小麦杆，与大多数树木相比，它们可以在更短的时间内生长和收割。新的生物复合材料也正从木材纤维和补给循环纤维的树脂中被开发出来，这种材料被认为是突变体材料，因为它们是由木材制成的，但性质更像塑料，最终实现技术控制。

美国德克萨斯州，凯蒂，住宅建设中的平台框架

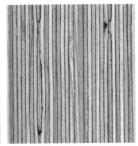

建筑系统公司生产的 EcoLinea 层叠道格拉斯冷杉板

突破性技术

在建筑实践和学术研究中，木材是最常见的建筑材料，因为它在小型建筑、家具制造和模具制造（因此模具商店也常常被称为木材商店）中占据着支配地位。传统木工艺的优点和缺点因此被广泛了解。然而近来木材和基于木材技术的进步悄悄揭示出一个广泛的、根本性的转变，这个转变是由对再生资源不断增加的兴趣和材料性能的提升引发的。

木材容易腐烂是众所周知的，因此人们开发了多种防腐方法来抑制建筑工程中木材的腐烂。发明家约翰·贝瑟尔发明了煤焦杂酚油（一种木材防腐剂），使用压力注入这种防腐剂的工艺现在仍然是压力处理木材的基本方法[10]。然而，由于煤焦杂酚油和其他普通防腐剂一样可致癌，而且在地下水中不会很快降解，因此它们受到越来越多的法律限制。

幸运的是现在出现了更多既可以提高木材的耐久性又对环境负责的木材防腐方法。乙酰化木材是一种耐用的实木，它的生产过程是用化学方法转变木材的细胞结构使其具有抗水性，这种方法避免了向木材里注入毒性物质。这种改变可以抵抗腐蚀、膨胀、收缩、UV降解、虫蛀和发霉。Kebon-ization是另一种木材防腐的方法，它的处理工艺对环境的危害较小，使用糖工业的生物废弃物转化得来的液体加强木材的细胞壁强度，使其比没有处理过的木材更坚硬，更致密。这种不可逆的过程将液体聚合物永久地注入木材中，可使膨胀和收缩降低50%。

还有其他方法可以使木材具有前所未有的柔韧性。发明家克里斯汀·卢瑟（Christian Luther）在1896年发明了胶合板热压机，生产出了曲线形状的胶合板[11]。一个世纪以后，发明家阿希姆·穆勒发明了一种薄木片的制模工艺，使精密制造精巧的复合曲线几何图形成为现实，这在以前几乎是不可能的。Bendywood是意大利Candidus Prugger公司制造的一种可弯曲木材，这种木材通过蒸汽加工和纵向压缩制成，在寒冷和干燥的条件下可以轻易弯曲到曲率半径为厚度的10倍程度。因为没有添加任何化学药剂，这种工艺比传统的弯曲和压合技术更环保。其他技术使人们可以制造复杂的几何形状，以达到引人注目的视觉效果，并且提高声学性能。

Kebony ASA 公 司 采 用 Kebonization 方法生产的高性能木材

Reholz GmbH生产的三维成型的胶合板

建筑系统公司生产的 3D 铣削刻纹、整体着色的中密度纤 维 板（MDF）和胶合板

应用日益广泛的计算机控制加工工业，如激光切割和电脑数控打磨，使加工过程可以在建筑工地进行，降低了运输能耗并节约了时间。有几家制造商已经顺应这一趋势，专门为数字化生产设计了新型复合板。这些板材通常由被压缩成轻型芯材的薄木片组成，可用于精确的激光切割和划线。其他数字化处理方法使图片或其他图像内容得以应用到木材以及其他基于纤维素的纤维材料上。

石油的短缺使人们已经将需求转向可再生资源；随着木材产品的竞争更加激烈以及对林业管理的检查更加严格，制造商越来越积极地开发非传统的纤维材料以增加现在的木材供给。由于比树木生长速度快，单位面积产量高，不到10年的时间里，竹子已经迅速成为一种流行的硬木装修材料的替代品。竹子板材质密而且强度高，可以用于多种木工艺应用。不幸的是，竹子的流行在一些国家导致了森林砍伐，因此，选择一家对环境负责的供应商很重要。

制造商也开发了由农作物材料制成的建筑产品，比如小麦和高粱不能食用的部分，因为这些材料比树木生长得更快，并且通常被视为废物。应用的例子包括装饰板，用于替代薄木片和结构隔热板（SIP），SIP由叠在一起的定向刨花板（OSB）制成，中间的芯是提供隔热效果的压缩农作物纤维。另一种替代纤维材料则源于入侵植物物种，这种物种生长快，侵害并且替代了当地植物。制造商可以从受影响的地区除掉这些寄生植物，用它们做新建筑产品和家具。

产生的另一种纤维产品是木材和塑料的结合体。这种材料具有和木材类似的性质，但是可以像塑料那样注塑。在一种工艺中，自然木材被注入丙烯酸类树脂，创造出一种更耐久、多维稳定的材料，这种材料可以防止凹陷和渗水。另一种工艺是将造纸业废弃的木质素、自然纤维（比如大麻、亚麻或者木材）和添加物（比如蜡）结合，创造出热塑性小颗粒，这种小颗粒可以被融化或者注塑。塑化木产品制造商声称，这些东西足够可以使软木取代通常稀缺的用于装修的硬木，并且有助于降低对来自石油的聚合物的依赖性。

Woodsure 生产的丙烯酸树脂浸渍的木材

Transstudio 生产的透光 69 木—塑料复合材料

突破性应用

更结实、更轻、更耐久的木制品的发明与所有建筑材料的科技轨迹类似。尽管建筑规则常常会限制木材在防火建筑中的使用，建筑师已经想象到木材在预期的"碳水化合物经济"到来时的大胆应用[12]。奥托和布罗·哈波尔德公司在曼海姆多功能厅的展览空间（1975年）项目中设计了一个由木架构制成的大跨度木格栅。木材网格在地面上制成，然后被吊到相应位置制成双曲面外壳。手冢建筑事务所在木网（2009）项目中创造了一个空间结构，这个项目是日本箱根露天博物馆的一个亭子。近600根大木梁被堆积在一起，创造了一个部分封闭、不规则的圆屋顶，在没有金属支撑的情况下，占地面积超过520 m²。

建筑师们也希望用其他可再生材料替代木材，比如纸和竹子。坂茂很多用纸管做成的作品展示了这种看似"柔弱"材料的惊人的结构能力。2009年伦敦设计节上，坂茂的纸塔使用Sonoco生产的纸板管制造了一个22 m高的圆锥形建筑，是目前存在的最高的纸塔。隈研吾建筑都市设计事务所设计的位于北京郊外的竹屋（2002年），包含了由规则排列的竹子制成的透光层。这个应用给人一种错觉：这种坚固的材料是纤弱且没有重量

坂茂，2009年，英国，伦敦，伦敦设计节上的纸塔

隈研吾建筑都市设计事务所，2002年，中国，北京，大（竹）墙

的。米格尔·阿鲁达设计的宜居雕塑测试了软木的表面包装的能力，它包裹了里斯本建筑三年展展馆的内部和外部。

新的数控打磨和制造工艺使得更高精度具有复杂几何形状的建筑成为可能。格拉马齐奥与科勒在苏黎世（2008年）设计的蛇形墙显示出生成式软件驱动参数在木板条合成中的应用。被巧妙堆积起来的木材部件创造了复杂的波动表面，给人以美感并且考虑了结构和环境。它们可以像松针或鱼鳞那样引导水流。Issho建筑事务所在东京的Yufutoku餐厅（2009年）项目中引入了均匀放置的、不同宽度的垂直木天窗，这些天窗形成一个波纹表面，过滤餐厅外部和内部的光线。斯诺赫塔的奥斯陆歌剧院（2007年）的波浪墙是另一个具有视觉冲击力的墙面，它由不同颜色深度和外形的精美橡木条制成，其丰富的质地令人想起挪威造船和乐器制造的传统。

从新颖的表面覆层到复合材料合成物，独特的装修处理手段赋予另一些建筑领域最新的应用更多特点。比如，Tham和Videgård Hansson建筑公司在斯德哥尔摩的K大楼（2004年）利用了黑色胶合板制成的超大"屋顶板"，掩盖了材料原有的颜色，但是隐隐约约地显示了表面的纹路。藤森照信的烧杉之家（2006年）位于日本长野，他故意烧毁用在立面上的垂直雪松板条。结果形成一个视觉上条纹状的表面，这个表面被完全烧焦以保护木材，同时也赋予立面饱满的黑颜色和质地。Diller Scofidio+Renfro公司与3form公司合作用木材创造了一种热成型复合材料，用在纽约爱丽丝杜利厅（2009年）的内墙上，结果形成一种将薄木片和树胶结合在一起的可压模材料，并且当逆光时，它还显示出了意料之外的透光性。

米格尔·阿鲁达，2010 年，
葡萄牙，里斯本，宜居雕塑，
内部软木覆层

格拉马齐奥与科勒，苏黎世联邦理工大学，蛇形墙，2008
年。学生：米莱娜·艾斯勒，莫滕·克罗格，艾伦·洛伊
恩贝格尔，斯特芬·萨姆伯格

Issho 建筑事务所，2009 年，
日本，东京，Yufutoku 餐厅，
外部垂直百叶窗的细节

斯塔德豪斯公寓

英国，伦敦
沃西斯尔顿建筑事务所

交错层压木材的内部

　　沃西斯尔顿建筑事务所设计的斯塔德豪斯公寓是一座位于伦敦默里格罗夫小区的9层29个单元的塔楼，是世界上用木材建成的最高的住宅建筑。它的建造几乎只用了交错层压木材（CLT）———一种小型建筑胶合板。CLT适应交替纹理图案的压缩薄木片组件，这样使末端的强度最大化，并且将承重片可能的尺寸增加到一层高。工程板由成排的云杉条制成，而不是薄木片。这些云杉条以交替方向放置，并在压力下黏合，形成一种可以被垂直或水平使用的产品，这种产品可用于建筑的墙壁、地板甚至是结构核心。

使用木材的推动力起源于它储存碳的能力。据建筑师说，斯塔德豪斯公寓9175 m³的木材储藏了186吨的二氧化碳，并且这些二氧化碳在这栋建筑的整个生命周期里都被储藏在材料里。

沃西斯尔顿公寓展现了木材建造的建筑令人满意的耐火等级，材料承受标准耐火测试的时间长达90分钟，这意味着木材受到灼烧时也可以形成保护自己并延长耐火时间的木炭层。预制CLT板在工地上利用平台架子进行组装，并用简单的螺丝和角板连接。建筑的彩色立面由复合板制成，而复合板则由70%的废木浆和30%的纤维胶合剂制成。

外观

木浆复合板外观

正在施工的室内

终极木屋

日本，熊本
藤本壮介

堆叠着相同宽度木材的室内

在2005年"终极木屋"竞赛中，藤本壮介试图检验木构建筑的多功能性。工程木材有各种各样的专用形式，以满足不同的用途，比如框架、装饰或护套，藤本壮介没有使用多种形式的木材，而是选择了单独的一种，可以基于空间位置、满足不同功能的形式。最终建成的木屋是立方体结构，完全由堆积错列在一起的截面边长35 cm的不同长度的木材组成，创造了一个嵌套的、山洞似的空间。这座小屋表现了藤本壮介对使用最简单的元素创造原始建筑的兴趣，重新解读了早期棚屋。

尽管这座小屋只采用了一种建筑砌块，终极木屋的体验性激发了无穷的功能解释：木材模块不仅仅成为墙、梁、地板和屋顶，同时也可作为凳子、桌子和书架。藤本壮介的15 m²的建筑表达了复杂的变形方案，解放了建筑部件，邀请使用者根据身体和建筑之间变化的关系去建立多样性的方案。这种亲密关系根本上是利用了木材作为材料所拥有的触觉的敏感性。

外观

木材的位置和间距意味着多种功能

显示多个隐含的水平的内部视图

巩膜馆

英国，伦敦
阿德迦耶建筑事务所

悬桂着郁金香木条的天花板

　　木材的纤维组织常常让人联想到人类皮肤细胞，但对于巩膜馆，最恰当的比喻是眼睛。巩膜馆是一个多孔的圆柱形室，为2008年伦敦设计节的临时场馆。这是一个公共空间，游客可以在这里体验光穿过郁金香木组装的复杂空间时发生的变化。郁金香木是北美本土物种，美洲郁金香木产量占硬木产量的90%，其强度重量比要超过许多其他硬木。大卫·阿德迦耶要通过这个场馆，测试材料的结构耐久性、重量、承受元素和大量人流的能力。

　　近1400片美洲郁金香木被用在结构、墙壁、装饰和环境中，在支撑和覆层、外表和结构之间建立一种无缝连接和不确定性。920根竖条状郁金香木摇摇欲坠般地从天花板上悬挂下来，象征倒置的城市地形或一个大型木吊灯。巩膜馆使用在别处提前六周就制作好的预制结构模块，将安装所需时间缩到了最短，只需要8天。

从内部看周边

夜间的外观

室内

上海世博会西班牙馆

中国，上海
EMBT 建筑事务所

南立面

　　在为上海世博会设计的西班牙馆中，EMBT建筑事务所将柳条编织板拴在钢管架上，显示了一种吸引人的试验性的覆层。这个立面复杂的几何形状给人一种徘徊的波浪要冲击到下方街道的感觉。设计这座6000 m²的建筑的目的是向编织柳条筐（在西班牙和中国都很常见）的传统手工艺（以及所用到的材料）致敬，这是一种对两个国家相似性的深刻认可。8000多块米色、棕色和黑色的垫板由山东省的工匠们手工制作，每块板子都是独特的。

　　坚固的钢铁框架和天然柳条编织板的不寻常组合创造了视觉上的震撼，建筑物未界定的、模糊的边缘在焦点内外漂移。从技术上来说，这种搭配巧妙地让柳条板自然地根据自身内在的机械特性打卷和扭曲，以此设计的建筑,与弗兰克·盖里那种定制的金属板严密的匹配相反。这种搭配使得结构和表皮既整齐又有区别,表皮允许不同程度的光线和视线穿透。

南立面视图

柳条编织板细节

地基细节

柳条板覆层钢框架的外部视图

集中照明的夜景

庭院入口细节

入口盖蓬的支撑架

上海世博会 2049 馆

中国，上海
朱建平，中国万科企业股份有限公司

夜间室内的景象

　　万科企业股份有限公司是中国最大的房地产开发商之一，万科在上海世博会上建造了一座场馆，命名为2049，其意在暗示中华人民共和国成立的百年纪念。这座以可持续发展为主题的建筑是由7个相对独立的顶端被截取的圆锥体组成的。这些单个的锥体被一大片水域围绕，从整体上呈现出恢宏的气势。

　　2049馆最为引人注目之处并不是它的外形，而是它对材料的巧妙运用。从远处向气势宏伟的场馆平视过去，它的正面如同是由一块块米色的砖堆砌而成。这些"砖"彼此重叠就像陶瓷砖一样，然而当你接近它时，真相便浮出水面了。事实上，展馆的瓷砖面板是小麦秸秆制作的。

2049馆的这种材料应用形式是将一种材料装配之后能够呈现出另一种材料所常见的规模和样式，从而起到了让人大吃一惊的模仿效果。大量麦秸压缩板在聚集到一定尺度后，可以把大门装饰成令人赏心悦目的金黄色，如同瓷砖一样。但是不同于瓷砖的是，麦秸压缩板有着让人难以置信的轻巧，而且生产时不需要任何矿物资源，同时消耗的能源也更少。

被水环绕的场馆

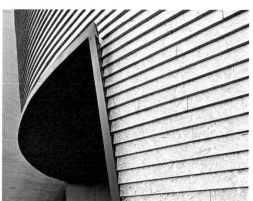

麦秸压缩板对瓷砖惟妙惟肖的模仿

展馆室内

第四章　金　属

当我们感到自己有几分孤独的时候，一种特别的自豪之情会油然而生，如灯塔，又如露天营地里的岗哨，面对着敌方星罗棋布的军队。这种孤寂感会伴随身在巨大轮船阴冷操作室中的工程师，会伴随处在疯狂机车的储物室里面肆虐的黑灵，会伴随对着墙壁无力拍打的酒鬼。
　　——菲利波·托马索·马里内蒂 (Filippo Tommaso Marinetti)

　　金属是最能反映人类文明程度的材料，例如白银时代、铜器时代、铁器时代。在人类历史长河中，金属一直是现代化的象征——从早期的青铜工具一直到现在源于纳米技术的非晶态金属，都一直在推动着社会的进步。作为工业革命最主要的原材料，金属既是工业化有力的推动者，又促进了技术的日益成熟与完善。当然，如果过于冒进地进行工业化，会给人类的健康和环境带来负面影响，这一点可以从维多利亚时代的英国得到印证。但是，工业化带来更多的是经济的发展、技术的进步以及文化的提升。建筑评论家雷纳·班纳姆指出，尽管烟囱林立的维多利亚工业时代的机器大多是笨重拙劣的，而且是由远离城市文明中心的工人操作的，但是在20世纪初期的第一机械时代情况却并非如此，当时的机器是轻巧、精细、清洁的，而且住在新型郊区的工程师们在家就可以操纵这些机器。[1]

　　从古到今，金属都能很好地展现出力量和美感，而这两点恰恰是人类文明追求的落脚点。无论是古代的青铜兵器，还是现代的钢铁轮船，都是人类追求力量的缩影，同时也反映了人类的征服欲和控制欲。古代象征身份地位的黄金首饰以及当今体现精密技术的镀金电子设备都表达了美的概念。金

第106~107页：于2008年建成的日本东京银座德比尔斯大厦

属展现力量和美感的能力代表着材料的进步, 历史学家评估一个社会的进步水平时, 会把金属使用技术作为评估的一部分。即便在今天, 金属使用技术和社会发展水平依然息息相关, 这可以从人们对大规模杀伤性武器和豪华汽车的追求中窥知。

同样出于对力量和美感的追求, 金属也应用在建筑中, 比如金属在建筑结构和外表的应用。从有着宽大边缘的钢铁圆柱到装饰用的金银饰品, 金属作为一种建筑材料很好地展示了它的多样性, 正如班纳姆所言, 融笨重和精巧于一身。

构成

金属元素占据了元素周期表中的主体部分, 展现了它宽泛的性质。它们被描述为包含自由电子的晶体结构, 有着很好的导电性、反射率和不透明性。与其他材料相比, 金属有着较高的密度、强度、刚度以及重量。而且金属具有一定的可塑性, 通过轧制和挤压等工艺后会较为容易成型。除了像黄金和铂金这样的贵金属, 其余的金属都有着活跃的化学性质, 当它们与氧等非金属元素接触时, 会很容易被腐蚀(失去自由电子)变成更为稳定的化合物。尽管铜、铝、锌这些金属可以在腐蚀的早期阶段形成具有保护作用的氧化层来阻止自身的进一步腐蚀, 但是对于大多数金属而言, 金属依然需要特殊的涂层和维护来抵抗腐蚀。[2]

金属通常被区分为有色金属和非有色金属(以是否含有铁元素来界定)。基于铁元素的合金是建筑行业非常重要的材料, 例如钢铁(钢铁的消耗量占全球金属总消耗量的90%以上, 其次分别是铝、铜、镍、锌、钛、钨）。[3] 建筑行业所用的金属几乎全部是以合金形式存在的，这就要求首先要从硫化物、碳酸盐等矿石中提取纯净的金属，然后再根据所需要的特定的性能来添加诸如碳或硅等元素来制造合金。金属的加工工艺有冷加工和热加工。冷加工是指通过使金属塑性变形来机械地改变金属的尺寸和形状；而热加工是指通过将金属加热到融化温度以上，然后再结晶，从而改变它的大小和形状。常规的金属加工工艺主要有铸造、锻造、轧制、拉丝、挤压、扭曲和机械加工。[4]

圣地亚哥·卡拉特拉瓦1998年设计的葡萄牙里斯本车站

安尼施·卡普尔2005年在美国伊利诺伊州芝加哥
设计的千禧公园的云门

Rafael Viñoly 于
1996年设计的东京
国际会议中心,向人
们展示了钢铁的框架
和结构

弗兰克·盖里于2000
年在美国华盛顿州西
雅图设计的体验音乐
馆,图为馆体一处表
层使用金属覆盖

理查德·塞拉于2004年在美国华盛顿西
雅图奥林匹克雕塑公园的雕塑作品"醒
来",图为雕塑中使用考顿钢的细节

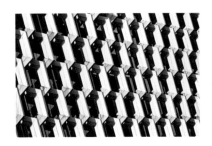

佩德罗·拉米雷斯巴斯克斯、豪尔赫·坎普萨诺、拉斐尔·米哈雷斯于1963年在墨西哥城设计的国家人类学博物馆，图为其窗栅的一处

历史

　　金属的发现是人类文明史上一个重要的里程碑，人类从矿石中提取金属的历史大致与人类有记载的文明历史吻合。在自然中原本存在的金属，如黄金，开始仅仅被作为珠宝饰品，直到公元前4300年左右，在中欧出现金属萃取和铸造技术才开启了铜器时代。公元前3500年左右，铜锡合金的发展开启了青铜时代，从那时起，武器、器具、用具、珠宝等变得越来越商业化，这促进了有组织贸易的形成，也带来了更先进的社会制度。公元前1400年左右铁器时代开始，尽管开采的技术一直存在难题，但仍有越来越多的铁矿石被开采利用。

　　金属开采的程序是与这种材料的本身性质直接相关的，英语中"metal"这个单词起源于希腊语，在希腊语中意为"矿场"或"石场"。史学家查尔斯·史铁曼指出，古希腊的炼金士因为他们拥有将原矿转变为美好事物的能力而备受尊崇："在遥远的青铜时代，古希腊诸国就高度重视熟练的炼金士。他们的工作被认为具有神秘感且令人感到愉悦，他们被认为是具有超自然能力的一群人，由此围绕着这些炼金士产生了很多传奇故事。"[5]

　　金属在建筑方面的应用可以追溯到大约公元前500年，古希腊人在建造大型建筑时用小且不起眼的铁箍将石块捆绑在一起。随着时间的推移，金属开始在建筑行业起到越来越关键的作用。从美学角度而言，金属因为具有良好的反射性，能反射灯光来照亮室内空间。从结构角度而言，随着19世纪铸铁技术的应用，金属开始逐渐取代木材和石材。金属首先应用于桥梁和工业建筑上，随着铸铁技术的日益成熟，金属开始应用到更多的建筑之上，如亨利·拉布鲁斯特设计的圣吉纳维夫图书馆（1850年），约瑟夫·帕克斯顿设计的水晶宫（1851年），为了迎接1889年巴黎世界博览会由居斯塔夫·埃菲尔设计的埃菲尔铁塔（1889年）。

钢铁是在1855年出现的，之后贝西默首创了以熔化的生铁大规模生产钢铁的经济有效的工业过程，这使得钢铁的大规模生产成为可能。[6] 19世纪末期，钢铁结构的出现以及纽约、芝加哥等一些城市地价的急速上涨，都促进了摩天大楼的发展。20世纪初，这些商业大厦开始主导美国的天际线，由谢里夫·蓝柏·哈蒙事务所设计的帝国大厦（1931年）一度在其建成后的40年的时间里保持了全球最高建筑的记录，钢铁结构支撑了它102层楼的高度。

在20世纪，金属对整个社会来说意义非凡。正如建筑师和作家安妮特·勒古耶所言："在人的日常生活中，金属和现代化密不可分，在建筑领域也是如此。现代主义的骨架和幕墙催生了自由设计和通用空间的理念，这种理念随之也在很多建筑之上得到了体现。"[7]

崛口舍己设计，于 1925 年建成的位于东京小金井市的小出公寓，图为增强内部照明的金箔墙

居斯塔夫·埃菲尔设计，1889 年落成的矗立在法国巴黎的埃菲尔铁塔

谢里夫·蓝柏·哈蒙事务所设计，于 1931 年落成的矗立在纽约的帝国大厦

现代范例

　　一项调查显示，现代金属在建筑上的应用与工业产值和技术进步有着密不可分的关系。建筑师们借助于机器之力，把裸露的金属结构和表层应用到公共建筑和住宅建筑之上，取代了之前的砖石、木材或者土质材料。这一行动恰恰印证了机器带来的活力和新功能会促使建筑步入新的高度——更为精致而且实用。

　　密斯·凡·德罗的建筑力作范斯沃斯住宅坐落在伊利诺伊州普莱诺市南部的福克斯河右岸，它试图去打破人与机器之间的不稳定关系。这座住宅是为医生范斯沃斯设计的，它的模型于1947年在现代艺术博物馆展出，它是现代主义建筑的一个杰作，而且是20世纪最具代表性的建筑作品之一。这座住宅的结构是一个精致的钢架支撑起混凝土板屋顶以及连接地板和天花板的玻璃幕墙，整座住宅处于两个水平平面中间，由此营造了一个开放连续的居住空间，并产生一种住宅悬浮的效果。密斯有意将结构连接处设计为浑然天成的感觉，并且将架构的钢材喷成白

由弗兰克·盖里于 1993 年设计落成的 韦斯曼艺术博物馆，坐落在美国明尼苏 达州明尼阿波利斯市

由密斯·凡·德罗于 1951 年设计落成的范斯沃 斯住宅，坐落在美国伊利诺伊州的普莱诺市

色，从而使住宅整体上显得优雅纯粹。尽管居住者会因为隐私得不到保护 而不愿意居住于此住宅内，然而这并不能阻碍范斯沃斯住宅成为密斯将大 规模的工业化与个体追求自由化相结合的最富有思想的一次尝试。

伦佐·皮亚诺和理查德·罗杰斯设计了蓬皮杜国家艺术文化中心，他 们在1971年提交设计稿时震撼了整个艺术领域，这座建筑将大规模工 业化在美学上提升了一个新的高度。皮亚诺和罗杰斯把建筑的结构和管 道系统暴露在立面上，并将其涂上彩色，使工业化与建筑艺术结合在了 一起。蓬皮杜国家艺术文化中心建成于1977年，坐落在巴黎博堡大街，建 筑面积共100 000 m²，它的设计理念是利用预先制造好的各个部件组装 成一个灵活且充满活力的可交流的空间。[8] 裸露在外面的结构有铸钢圆 柱、铸钢悬臂、后张预应力支架以及被涂成彩色来辨识功能的管道，这些 管道主要包括通水管道、空调管道、电力管道以及消防管道。[9] 2007年罗 杰斯荣获普利兹克建筑奖时，评审团曾经评价蓬皮杜国家艺术中心为博 物馆的一次变革，它将博物馆由精英阶层的活动中心转变为了普通大众 社会文化交流的场所，并成了城市具有活力的心脏。[10]

蓬皮杜国家艺术中心建成20年后，即1997年，弗兰克·盖里设计的毕尔巴鄂古根海姆博物馆向世人展示了建筑对于整个城市定位的影响。之前毕尔巴鄂正处于造船业和钢铁制造业的衰退期，这座古根海姆博物馆的建造旨在为毕尔巴鄂的转型呈现正面的形象，它坐落在废弃的造船厂之上，占地面积达23 900 m²，表层覆盖着钛、石灰石、玻璃等材料。它以翱翔、波浪般的形态耸立在内维隆河岸，象征着这座城市的造船业遗产，而覆盖了其绝大部分表层的成千上万熠熠闪光的钛金面板既反射了天空的颜色，又将这座建筑与它所处的背景区分出来。它令人惊艳的视觉效果象征着这座衰落城市的涅槃重生，也象征着这座城市由工业金属文明到后工业金属文明的转变，或者就如同班纳姆描述的那样：它代表着一个肮脏的工业枢纽演化成了一个启蒙中心。[11]

由伦佐·皮亚诺和理查德·罗杰斯1977年设计建成的蓬皮杜国家艺术文化中心，坐落在法国巴黎

盖里于1997年设计建成的位于西班牙毕尔巴鄂的古根海姆博物馆

环境因素

采矿业会对生态环境造成影响，并且消耗大量自然资源，会引起土壤侵蚀、生物多样性锐减以及土壤和地下水污染。在对可用矿床的找寻过程中，会很大程度地改变地表结构，大量土壤被移除和破坏，使现有的生态系统受到干扰。这些被作为"生态包袱"（生态包袱是指为获得一种产品而移走的除了目标产品之外的所有材料）的一部分。[12]就金属而言，开采需要动用数量庞大的原材料，例如，为了获得1 kg的铝，需要消耗85 kg的铝土岩石。而黄金的这一比例更为巨大，能达到1:540 000。[13]

从矿石中提取金属化合物的常用方法是堆浸，堆浸是一种会涉及氰化物使用的有毒过程。与堆浸相比，生物浸出是一种更为环保的方法，指利用细菌和真菌从矿石中提取金属，但这一过程需要更多的时间。

金属生产过程也是出了名的高能耗。就初级生产（从矿石中提取，而非从废弃材料中回收）而言，许多金属每单位重量消耗的能源要比普通的塑料消耗的能源多两倍，例如每千克铝消耗的能源是220 MJ，而每千克ABS塑料消耗的能源是96 MJ。[14] 还有十分重要的一点是，现代金属的生产几乎完全依赖于不可再生的原材料。

位于澳大利亚昆士兰州的沉积型块状硫化物矿床（SHMS）

位于美国内华达州埃尔科的金矿石氰化堆浸

由于20世纪对于金属的大规模的利用，导致现在常见金属矿物的贮存量迅速减少。美国地质调查局2007年数据显示，铅和锡的储存量只能够维持不到20年具有经济效益的开采，铜能维持22年，铁能维持50年，铝能维持65年。[15]

许多金属对于人和其他一些生物的健康而言也是有害的。尤其是一些有毒金属，例如铅、汞、镉，对于这些金属必须进行严格的管理控制。1988年，美国环保局认定的16种对人类健康最为有害的物质中，金属及其化合物就占了7个。[16]然而一些其他的金属，例如不锈钢、钛合金、钴合金则对人体健康十分安全，甚至可以植入人体内。[17]

在建筑的围护结构中使用金属时，热桥反应会是一个很大的挑战，尤其在一些极端的气候条件下，应当尽量降低围护结构中内层和外层组件之间的热传导性。原因是金属有着相当高的热膨胀系数，容易受到辐射热的影响。这种特性从能源利用的角度来看却是有利的，比如利用金属覆盖层来吸收太阳能热量。金属是可再生能源系统制造中主要的结构材料，包括建筑中利用太阳能、风能的技术系统。

金属的最大的好处之一是它的可回收性。与其他很多材料不同，大多数金属可以较为容易地被回收利用，而且金属不会随时间而降解。此外，回收利用金属（也称作二次生产）的能耗要远远低于初级生产，铝的回收利用能耗是初级生产的10％，而不锈钢是26％。[18] 金属回收利用的巨大环境和经济效益会激励闭环生产和消费的扩展，在闭环生产和消费中，所有的废料被当作技术养分来重复利用以制造新的材料。[19]

突破性技术

金属相关技术的进展主要集中在对于其性能的加强。其中一个目的是通过改变合金的配方或者采用更为复杂的结构形状来达到更高的强度重量比。另一个目的是通过研制更为稳固的表面来克服金属固有的不稳定性，以适应更为恶劣的环境。通过20世纪中期对于此项技术的深入研究，金属可以用在一些对于材料要求最为苛刻的建筑上。

因为金属具有很高的韧性，所以受到军事和航空航天行业的青睐。在微观结构上使用几层不同的合金时，金属能够承担更高的负荷。复合金属板又被称作周期性多孔材料，它是利用轻质金属形成蜂巢状、柱状结构，或者是两个片层夹着的晶格结构。这种结构可以应用到对安全性要求较高以及易发自然灾害的环境中，以提供良好的爆炸防护和弹道防护。复合型面板有着多种多样的结构，例如表层用金属覆盖而芯是聚苯乙烯，或者是表层是透明的聚合物而芯是蜂窝状的金属结构。泡沫状金属的细孔中充有大量的空气，随着这种金属发展，它也能制造一些具有高刚度、低重量、高吸收能量水平的材料。其中泡沫铝和泡沫锌可以以最少的原材料来达到一定水平的抗冲击性、电磁屏蔽、共振降低、吸声降噪功能，而且还可以100%地回收利用。

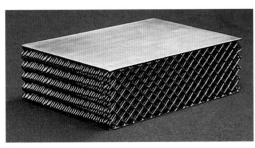

由多孔材料国际公司制造的具有三明治结构的周期性多孔材料

由弗劳恩霍夫研究所研制的泡沫锌

鉴于金属的高光泽和良好的可延展性，金属经常被用于一些对颜色、光洁度和纹理效果要求比较高的应用之上。金属微粒和聚合树脂使用先进技术堆焊制成的复合材料可以被用来做垂直抛光处理。它的复合表面包括将金属颗粒铸入纤维增强聚合物（FRP）中，以及将工业废金属铸入透明橡胶中。

金属被应用于各种先进的数字化制造流程中，例如基于算法推导、由弯曲的复杂形状的金属板制成的金属系统。复杂的形状可以提高其机械性能和视觉效果，而且比挤压和轧制成型技术更经济节约。另外一种数字应用是将图文资料转移到金属的表面上。这种图形雕刻技术可以将半色调图像、矢量图形等摄影数据永久转移到金属板的表面。金属板可以是平坦的、凹凸有致的，也可以是复合弯曲的，此外雕刻的深度可以是多种多样的。

关于金属最有意思的一个进步是形状记忆金属的发展。1962年科学家威廉·比埃勒和弗雷德里克·王在等量的镍和钛组成的合金上发现了金属的形状记忆特性。为纪念它的出产地，这种合金被命名为美国海军军械研究室镍钛合金，简称镍钛合金。它不仅呈现了形状记忆的特性而且具有超强的弹性。[20] 镍钛合金能将自身的塑性变形在某一特定温度下自动恢复为原始形状，这个特性使它被广泛地应用在生物医学设备、联轴器、制动器和传感器上。研究人员曾尝试将形状记忆合金应用在建筑上，去制造活动遮阳系统，因为记忆合金会根据外部环境改变自身的形状，以此达到更好的遮阳的效果。

由米罗、巴夫金设计的使用弯曲的金属表层制造的具有连续形变的 XURF 系统

由新材料有限责任公司使用回收的废弃铝和树脂制造的 Alkemi 复合材料

将照片雕刻在铝制面板上

突破性应用

金属依然可以影响建筑未来的走向。虽然在20世纪的钢铁时代，金属经历了它的极盛时期，但是今天，不断创新的新型数字制造技术依然持续改进着金的生产技术。结构工程师们可以利用先进的软件去计算复杂的结构组成，使得一些在10年前因为结构的不确定性而无法建成的建筑成为可能。基于这些先进的模拟技术，建筑师和工程师可以通过密切的合作来描绘一个建筑物外形的表现形式，以此来增强设计的真实性。这种综合方法可以使建筑结构负荷可视化，明确对于结构组件的尺寸和数量的需求，使材料的利用更为高效。在建造过程中，金属部件可以在电脑的计算下被精确地制造，从而在保证高质量的同时尽可能地减少浪费。

因为大型制造业需要使用大量的金属，例如航空航天业和造船业，所以可以将这些行业中取得的先进技术成果挪用到建筑行业上。20世纪80年代，日本的造船业陷入低谷期，建筑师发现了建造复杂建筑的意料之外的合作者。造船工程师高桥野合讲到：建筑业和造船业背后的基本科学是相同的，例如算术和物理。[21] 在当代的金属建筑物的建造上，造船工程师们扮演了一个重要的角色，例如由伊东丰雄建筑事务所设计的仙台媒体中心（2001年），日建设计有限公司设计的东京神保町剧院（2008年）。如同与结构工程师合作一样，建筑师与造船工程师的合作使得结构与外壳的区分越来越模糊，而且建筑的墙壁、屋顶和地板表面也变得更为多样化。

金属的多功能性使得它成为建筑师探索建筑表层图案和质地的首选材料，这一趋势可以从一些具有自然风格表皮的建筑中一窥而知，例如赫尔佐格和德梅隆设计的位于旧金山的笛扬博物馆（2005年），阿部仁史建筑事务所设计的位于仙台的青叶餐厅（2005年）。金属也可以用来模拟织物等其他材料，比如赫尔佐格和德梅隆设计的位于明尼阿波利斯的沃克艺术中心（2005年）。而一些图案也可能是由两种材料的抽象组合而成，例如中村拓志与NAP建筑事务所设计的位于东京的精品银座店（2004年），就是将固体丙烯酸圆筒添加到蜂窝状的钢板中。在制造过程中，将固体丙烯酸圆筒插入零下30℃的钢板中，并迅速解冻使之融合，两种材料就很好地结合在一起。[22]

沿袭机械时代的传统，金属自然而然地被应用于自我调节性强的机械系统。稻叶电器厂生产的生态窗帘可通过风力发电，它不仅可以给建筑内的照明系统供给电力，而且还可以充当建筑自带车库的立面，向人们展示了建筑一体化在利用可再生能源技术上的潜力。这方面的另一种应用方式是可与环境互动的表面。例如，斯内德·卡恩在明尼阿波利斯设计的风幕装置（2010年），利用成千上万的自由旋转的铝制微型模块来对空气流动做出反馈，使复杂的风的形态被可视化地表达出来。

赫尔佐格和德梅隆等设计的位于北京的鸟巢体育馆（2008年）

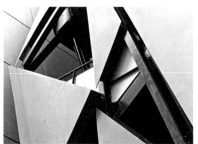

日建设计有限公司设计的日本东京神保町剧院（2008年），图为其建筑外表的一处

赫尔佐格和德梅隆设计的位于美国加利福尼亚州旧金山的笛扬博物馆（2005年）

阿部仁史建筑事务所设计位于日本仙台的青叶餐厅（2005年）

中村拓志与 NAP 建筑事务所设计的位于日本东京的精品银座店（2004 年），图为其外貌的细节

日本稻叶电器厂研制的生态窗帘

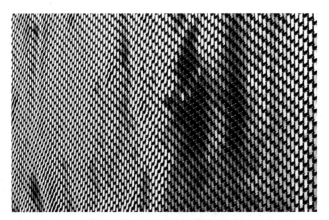

斯内德·卡恩在美国明尼阿波利斯市设计的风幕装置（2010 年）

菅野美术馆

日本，仙台市
阿部仁史建筑事务所

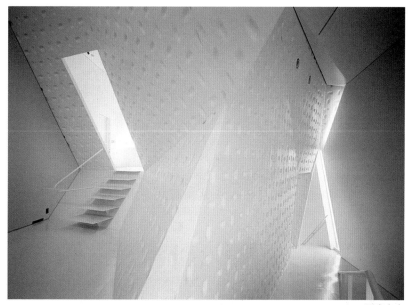

画廊室内

阿部仁史建筑事务所受委托建造的这座私人艺术收藏馆，是受肥皂泡沫启发的一个室内景观可以自由流动的"盒子"。每一个画廊就像处在一个大的立方体中的小的气泡，不同气泡的表面彼此交叉形成了建筑体内倾斜的墙壁和地板。通过与建筑工程师和造船工程师的探讨，设计师决定将在边界曲面所使用的材料同样应用在建筑的结构和表皮上。

建筑的表面由3.2 mm厚的钢板组成，上面有呈网格状规律分布的凸出圆点，钢板根据事先标记的菱形凹陷点进行配对，创造了一个强大、质量轻的复合结构。在咨询了结构工程师以及建筑承包商之后，建筑师最终确定了圆点的尺寸、形状和间距，将泡沫的概念在细节处体现出来。在内饰方面，钢板都涂有白色陶瓷涂料，使表面更为平滑而且能够起到柔和光线的作用。建筑的外层使用了考顿钢，这极大地丰富了其外壳的色彩和纹理。

具有圆点的考顿钢建造的外壳

主入口外观

考顿钢的细节之处

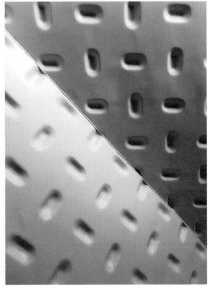

内饰使用陶瓷涂料的细节

Ar de Rio 酒吧

葡萄牙，加亚新城
古埃德斯德坎斯事务所

室内可观赏杜罗河畔景色

　　复合面板是使用复合材料制造的蜂窝状结构体，它模拟了自然中出现的六边形物体，如蜂巢和地质结构。这种结构体强度高、质轻。工程师诺尔曼·德布劳内1938年用铝制成蜂窝状面板，并为它申请了技术专利，第一块全铝的复合面板出现于1945年。[23] 现在的一些材料供应商将具有透光饰面的蜂窝状复合面板应用到了建筑的表层结构上，例如荷兰大都会建筑事务所设计的美国伊利诺理工大学麦考密克学生活动中心（2003年）。

　　建筑师弗朗西斯科·比埃拉·坎波斯和克里斯蒂娜·古埃德斯设计出了全新的蜂窝状结构组件，并将此应用到位于杜罗河畔Ar de Rio酒吧的设计

中。该酒吧紧挨着设计师之前设计的使用金属建造的一些其他建筑。基于
材料的简单化和高效性，这项新的设计具有高的强度重量比。该工程使用
表面覆盖着中空玻璃的蜂窝状钢结构，将建筑的结构和表层融为一体。每
个蜂窝状钢结构高近40 cm，由5 mm厚的材料制成，在这项工程中钢结构
的总跨度达27 m。尽管纵深很长，但是因为这种材料很薄，使得使用者仍
然可以看到周围全部的海滨景色。

酒吧的内部环境   酒吧顶部结构

酒吧入口处   蜂窝结构细节图

青浦步行桥

中国，上海
文筑国际设计公司

南观步行桥所呈现的不规则的外形

这座步行桥是由文筑国际设计公司设计而成，坐落在上海青浦18号地块，处于上海的西南部。这里邻里关系发展得很迅速。该桥将原本被一条宽50 m的河流分隔开的两个特点不同的街区连接起来，允许行人和自行车通过。

受中国传统园林建筑的启发，这座步行桥并没有简单地将河流两岸采用直线连接，而是设计了一个弯曲的路径，可以让行人放缓脚步，从多个角度欣赏到周围的美景。桥本身的钢铁桁架结构在不同的水平和垂直角度可以呈现出不一样的效果。在侧面观看，桥的连接路径是一个非对称弯矩图，桁架的钢铁部分会基于预期的切应力来改变自身的密度，这是一种结构优化策略。桥不断变化的水平和垂直面，会促使人放慢脚步来感受周围的一切。

从西侧角度呈现出的景观

从西北侧角度呈现出的景观

从南部观看的内景

从内部向东看呈现出的景观

座·高丹寺公共剧院

日本，东京
伊东丰雄建筑设计事务所

建筑外部拐角的细节图

　　座·高丹寺公共剧院是一个现代艺术表演中心，它坐落在东京的杉并区。该区域是周围有着住房、商铺、学校、高架铁路的高密度区域，艺术总监佐藤诚将这个工程设想为面向整个社区的公共区域。设计者伊东丰雄把这座建筑构想成一个固定的帷幕，它将矜持的舞台环境和狂热的剧院划开明显的界限。

　　伊东丰雄设想的这个"城市尺度的帷幕"，其外壳刚性而优雅，由钢铁和混凝土混合覆盖而成。这种复合外层的理念源自日本的造船技术。伊东丰雄在接下来的单片结构组件建筑的设计上继续沿用了这种理念，例如东京的御木本大厦（2005年）。伊东丰雄用几个悬链曲线的交点来定义高丹寺均质、多层次的表面。这个"城市的大帷幕"是一个由15 cm厚的钢板围成的7个圆锥和圆柱形相消减后形成的连续结构,它既具有狂欢节帐篷的结构,又具有海浪一样的柔和曲线。

座·高丹寺公共剧院的外墙上有一系列的小圆孔,这同样是海洋元素的体现。建筑外表上这些看似随意安置的小舷窗巧妙地模糊了墙壁和屋顶之间的界限,内部的聚光灯透过这些小舷窗在一楼大厅投射出梦幻般的图案。这种圆孔的设置不仅装点了建筑的外表,而且将建筑本身和它所处的场地紧密地联系在一起。

鸟瞰图

从底部观看室内螺旋楼梯

从顶部观看室内螺旋楼梯

上海世博会韩国馆

中国，上海
韩国 Mass Studies 事务所

馆体外部的景观

　　雨果在《巴黎圣母院》的"这会杀了他"这一章节中描述了长期处于苦恼中的建筑师形象。雨果坚信建筑是向社会传递理念的主要的模式（雨果所处的时代涌现出了具有启发性的哥特式建筑，为雨果所崇拜），这预示着建筑将取代书籍成为主要的教学媒介。自从印刷机发明以来，建筑就不再承担教学这一功能。

　　坐落在上海世博会园区内的韩国馆将建筑形式与语言形式结合在一起，重塑了建筑作为教学载体这一功能。这个建筑由韩国Mass Studies事务所设计，由立体的韩文字母构成，这些字母的大小从几厘米到几层楼高不等。馆体的内外墙体风格迥异，内部墙体使用的是激光切割的钢复合板，外部墙体使用的是印有韩国艺术家姜益中作品的铝塑板。字母被布置成抽象的几何图案，整个建筑在水平尺度上呈现出微型、简化的首尔地图状。

　　就像雨果所钟爱的哥特式建筑一样，尽管以一种抽象的形式表现，韩国馆也传达了同一理念。这座建筑意在探索空间语言和语言空间的关系，追寻语言学习能力和视觉学习能力的关联性。

馆体外部的两种类型的金属板

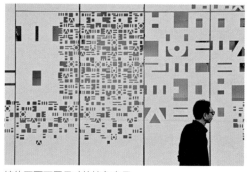

馆体正面不同尺寸的抽象字母

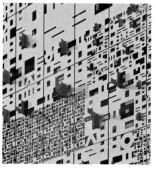

馆体外部金属板的细节图

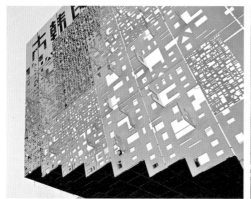

馆体外墙被照亮的镂空结构

从中庭向上望的景观

中庭细节图

第五章 玻 璃

> 如果想使我们的文化程度提升到更高的水平，我们应该改变建筑，无论结果是好是坏。只有当我们去除掉所在空间的封闭性，才能实现建筑的改变。实现去除空间封闭性的途径只有引入玻璃建筑这一条。
>
> ——保罗·西尔巴特（Paul Scheerbart）

　　玻璃是一种游离在物质实体和感知状态之间的材料。玻璃的物理特性坚固，但玻璃也被叫作"过冷液体"。实际上，它介于固体和液体之间，是一种冷却到非晶态固体的、被称为无定形固体的无机材料。[1] 在建筑中，玻璃因为其透明性而被广泛使用，并常常被看作是无形的；然而，根据玻璃的特性和与光源的相对位置，玻璃也可以高度反光或不透明，从而呈现出"凝固"的物体特征。而且，玻璃在建筑中的使用是一个巨大的矛盾，因为采用一种透光且抗热性差的材料，可能危及建筑最主要的功能——遮蔽和保护。这些关于玻璃的多种看法，使得人们对于玻璃的重要性和科学使用方法展开了激烈辩论。

　　由于在现代建筑中，玻璃是最主要的透光材料，玻璃成了透明的同义词，并且与技术进步、可达性、民主、选举权以及暴露和失去隐私相关联。许多建筑师将玻璃视为一种可以直接沟通建筑内部和外部的无形物质，另外一些建筑师欣赏玻璃不仅仅是因为它有透光作用，更重要的是它具有折射和阻隔光的空间组织能力。建筑理论学家柯林·罗和罗伯特·斯拉茨基指出，由于概念本身固有的矛盾性，"透明度作为一个物质条件，有丰富的含义和理解上的多种可能性"，透明度常常"不再是完全清楚的，而是模棱两可的"。[2]

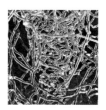

丹麦国家广播公司总部玻璃幕墙的细节，位于丹麦哥本哈根，由让·努维尔工作室于 2009 年设计完成

日本热海市的水玻璃，隈研吾建筑都市设计事务所于 1995 年设计完成

无色硼硅玻璃的细节，由 Brent Kee Young 和 Harue Shimomoto 于 2001 年设计完成

构成

玻璃由二氧化硅和氧化钠、氧化钙、氧化镁、氧化铝等物质构成。[3] 钠钙玻璃占所有玻璃的90%，其大约3/4比例是二氧化硅。玻璃被定义为通过熔化和快速冷却形成的，具有亚稳态（一个暂时稳定的微妙状态）晶体结构的玻璃质固体。

目前的玻璃生产过程是将原材料放入燃气炉中，先液化，再使用浮法玻璃制作方法（窗户所用的玻璃）、吹压过程（玻璃罐子和瓶子）等技术进行提纯和塑形，然后通常通过冷却退火来消除内置应力，之后可以进行各种表面处理、分层或涂装，以加强结构和视觉性能。从历史上看，玻璃生产经常在光学透明性、耐久性和工艺复杂性（如较低的熔点）之间进行权衡。

历史

玻璃可以在硅藻的硅骨架和雷击造成的地层突然熔化中自然产生，玻璃也是受人类干预最早的物质之一，最早在石器时代得到利用，如火山爆发形成的天然玻璃——黑曜石。合成玻璃最早出现在埃及和美索不达米亚，已知的制造玻璃物体的历史可以追溯到大约公元前2500年。青铜时代后期，玻璃制造开始在埃及和西亚蓬勃发展，采用的是围绕模具缠绕韧性玻璃绳的方法。早期的玻璃物体多由重复加热的细彩丝制成，或者使用凿制石头的技术在冷却条件下制成。哲学家普林尼在他晚年所著的《自然史》（公元77—79年）中记载了关于如何发现玻璃的一个广为流传的说法：硝酸钾商人在海滩上准备做饭，由于缺少支撑锅的石头，他们就用船上的几块硝酸钾作支撑，硝酸钾熔化并与岸上的沙子熔合，形成一种新的半透明的液体，这就是玻璃的起源。[4]

受益于在巴勒斯坦海岸线发现的纯净沙子，罗马人显著提高了玻璃产量。大约在公元100年左右，罗马人首先将玻璃命名为glesum，意思是一种"透明、有光泽的材料"。他们也是最早在建筑上应用玻璃的人。在加入二氧化锰得到透明玻璃后，玻璃窗开始出现在罗马一些最重要的建筑中。制造者发明了在玻璃中加入金属盐来给玻璃上色的方法，英国玻璃彩窗的历史可以追溯到7世纪。德国的玻璃工匠在11世纪发明了制造平板玻璃的方法，即通过纵向切割熔融玻璃圆筒然后将它们放平。直到工业革命时期，玻璃仍被视为一种奢侈的材料，只在十分重要的建筑中作为主要元素。

黑曜石，产于墨西哥中部　最早使用口吹玻璃制成的窗户，由瑞典科斯塔玻璃公司生产（1742年）　法国巴黎圣礼拜堂玫瑰窗的细节（1248年）

现代发展

纵观玻璃在建筑中的使用历史（始于中世纪），能够发现这种特殊的材料是如何导致建筑非实物化的。从高超的哥特式风格彩窗到19世纪温室建筑，经过短短几个世纪，玻璃实现了从轻薄的易损物质向精致坚硬窗饰的转变。

整合玻璃和铁的技术在1851年建造水晶宫的过程中得到了很好的实行，这座建筑被认为是推动现代建筑运动的重要标志。[5]它由约瑟夫·帕克斯顿设计，长564 m，高3 m。建筑使用了大量预制构件和镶嵌玻璃，在9个月里使用了83 600 m²的吹制玻璃。[6]水晶宫的影响力巨大，成了铁和玻璃建筑的典范，铁柱、铁艺护栏和玻璃模块的搭配，成为当时大型车站、仓库和市场的标准结构。

另外一个重要的玻璃建筑是皮埃尔·查理奥设计的位于巴黎的玻璃屋（1928—1932年建造）。不同于铁和玻璃外层的去实体化，玻璃屋的外墙由半透明的玻璃砖组成，允许光线进入，同时能保持居住者和办公室的隐私性。它整合了玻璃砖和钢铁的技术，晚上，从内部发出的光线，营造出一种神秘的灯笼般的效果，这启发了几代建筑师的想象力。玻璃屋为勒·柯布西耶的"居住的机器"概念提供了一个现实案例，展示了一种利用光却不是简单透光的封闭建筑体系。

如果不提及菲利普·约翰逊的玻璃住宅，那么对于现代玻璃建筑的历史回顾将是不完整的。玻璃住宅是他在1949年为自己设计的位于康涅狄格州纽卡纳安的住宅。设计灵感来自19世纪20年代德国建筑师的"玻璃建筑"理念，人们常常把它与密斯·凡·德罗的范斯沃斯住宅进行比较。玻璃住宅完全暴露居住者的活动，这在美国引起不少争议。虽然它的透明度很大程度上是象征性的（房屋建造在一个大庄园里，远离公众视线），但是这种颠覆性的实践为建筑领域提出了一种新的视角。从内部来看，周围环境变成了封闭有限的；从外部来看，透明的房子是漂浮在花园中的一个框架。

水晶宫，位于英国伦敦，约瑟夫·帕克斯顿设计（1851 年）　　玻璃屋，法国巴黎，皮埃尔·查理奥设计（1932 年）

玻璃住宅，美国康涅狄格州纽卡纳安，菲利普·约翰逊（1949年）

环境因素

用于制造玻璃的材料广泛存在，其主要成分二氧化硅是地壳中含量最多的物质。然而，提纯后的二氧化硅由于受开采水平所影响，能储存的量并不大。在钠钙玻璃中使用的石灰在地壳中储量也十分丰富，可以从石灰中得到。

制造玻璃使用的添加剂也会造成环境问题。比如用来提高玻璃化学稳定性的氧化铝，就需要对铝土矿进行能源密集型的加工。虽然二氧化硅是惰性和无害的物质，但吸入二氧化硅粉尘会对肺产生刺激，导致矽肺和支气管炎（操作喷砂设备工人的常见职业病）。吸入镁氧化物气体也是危险的，会导致金属烟热。

像许多建筑材料一样，玻璃在制造过程中需要大量的能源。二氧化硅的熔点超过1700℃，一些常用的添加剂可以将其降到1200～1600℃。[7]玻璃制造中使用的炉灶，以及运输产品所需的能源，导致每生产一吨玻璃会产生两吨二氧化碳（或12.7 J/kg的物化能）。新一代高效熔炉和控制交通的做法（仅服务本地市场）有助于改善能源消耗情况。

玻璃是高度可回收的，目前已经建立了工业和消费玻璃的回收方式。可重新利用的废弃玻璃叫作碎玻璃，常在混凝土台面和工业磨料等多种产品制造中应用。碎玻璃最初主要来自回收的玻璃瓶，而建筑玻璃等其他玻璃最终被填埋了。而且，透明玻璃会被优先回收，有色玻璃常常不被回收。减少建筑工地废弃物的实践和多种玻璃回收市场的扩大，能够提高碎玻璃的利用率。

目前建筑玻璃带来的最严重和最具争议的环境问题是建筑物的能源消耗。尽管中空玻璃（IGU，在两层或三层玻璃中间注入惰性和绝缘气体，如氩、氪、氙）在能源效率方面做出很大改进，但玻璃在建筑保温方面仍然表现不佳。因此，现代能源法规通常规定了建筑外墙使用玻璃的最大面积比例，这直接影响到建筑设计。

最终玻璃所占的比例是建筑师和使用者（希望更好的透光性和视野）与官员和建筑所有者（希望减少能耗）共同协商和斗争的结果。而且，环境评级体系（如LEED）直接将整个建筑的机械工程性能与建筑外观相连，玻璃对太阳能的隔绝能力增加一点，可以在整个建筑的生命周期内显著节省能源。活动玻璃窗打破了外部环境的封闭，将空气引入内部，加剧了这种矛盾和斗争。

美国加利福尼亚死亡谷梅斯基特弗拉特沙丘的石英砂

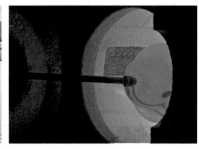

美国俄亥俄州托莱多艺术博物馆的玻璃熔炉

电通总部大楼幕墙的细节，日本东京，让·努维尔工作室于2002 年设计

突破性技术

玻璃的技术革新沿着两条相互冲突的道路前进。一条道路是通过减少几何缺陷、色差、表面异常，制造出尽可能透明、无形的玻璃。这个目标是显而易见的，例如，由添加了抗反射涂层的透明玻璃制成的光滑的店面橱窗。第二条道路是追求材料在形式、结构和美学上的多种可能性，更注重尝试而不是完美，更强调物质性而不是透明性。

新的富钛涂层可以使玻璃具有自洁能力，属于第一条道路。这项技术使用一种热解涂层逐渐分解掉玻璃表面的有机残留物。下雨时，水冲刷玻璃表面，带走尘埃颗粒和无机灰尘，玻璃变干之后没有斑点和条纹——保证了玻璃的透明度，降低维护成本。

后一条道路主要在玻璃产品中体现，玻璃产品表现出多种几何形状和复杂表面，追求物质性而不是透明度。这些玻璃制品主要用来过滤、控制和表现光线，而不是仅仅透射光线，展示了提高玻璃物质性研究的蓬勃发展。最早的方法是将矢量图形嵌入玻璃板中，将玻璃板分层然后熔融成一个镶嵌板，注入受控的气泡。生产厂家还发明了计算机控制的装饰玻璃数字成像系统，使用抗UV的墨水，可比传统的陶瓷烧结技术提供更多颜色和图像分辨率的选择。玻璃也被改进为能够承受更大的压力。例如，防火玻璃由被膨胀层隔开的安全玻璃制成。发生火灾时，膨胀层变得不导热，扩展形成隔热层，阻挡热辐射和传导，形成对烟雾、火焰和有毒气体的整体阻挡。玻璃也可以与高强度夹层材料叠加，或被浇铸到立体结构中（比如吊顶龙骨），以提高载荷能力。

考虑到降低建筑外墙能源消耗和改善采光性能的压力，最先进的建筑玻璃产品采用各种技术减少太阳能的吸收和热量的传递，或者采集能量，为建筑提供照明和热能。电致变色玻璃（也叫智能玻璃）通电后可以在透明和不透明之间转换。其中一种由镁钛合金薄膜构成，这种变色玻璃制成的切换镜可以很容易地在反射和透明状态之间转换。这种玻璃将建筑和汽车内空调系统的能源消耗降低30%。其他应用电气技术的例子包括用于夜间照明的低电压LED光源和将玻璃变成热能来源的导热夹层。

建筑上有相当比例的玻璃在白天会受到阳光直射，因此需要遮挡物。能量采集玻璃包含一层太阳能光伏薄膜，在吸收能量的同时也可防止眩光。专门的能量采集涂料和薄膜使窗户能够像大面积单极太阳能电池一样运作。一些玻璃系统采用可微调方向的固定微孔遮阳装置来减少太阳能吸收，如大都会建筑事务所设计的西雅图公共图书馆（2004年）的幕墙，采用扩大的铝夹层来减少太阳辐射和眩光。

葛西临海公园游客中心观景台的细节，位于日本东京，由谷口吉生于1995年设计

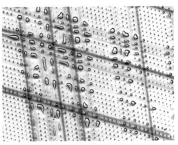

嵌入矢量图形的泡沫玻璃，由padLAb设计室设计

Pulp工作室的SentryGlas Expressions数字成像技术，应用在2007年特雷西塔·费尔南德斯设计的华盛顿西雅图奥林匹克雕塑公园的玻璃桥篷上

明尼苏达大学建筑学院隔热玻璃的细节，位于美国明尼苏达州明尼阿波利斯市，由史蒂芬·霍尔于2002年设计

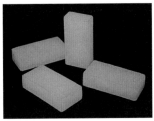

建筑系统公司的磷光铸制玻璃

西雅图公共图书馆光控玻璃幕墙的内景，位于美国华盛顿西雅图，由大都会建筑事务所于2004年设计

突破性应用

德国小说家保罗·西尔巴特在他1994年的作品《玻璃建筑》中宣称：很多建筑师的愿望是用透明的玻璃代替坚固沉重的传统砖石。西尔巴特希望用新兴的透明结构改变欧洲城市中已经建立起来的刚性结构，布鲁诺·陶特、密斯以及其他有影响力的现代建筑师被这种愿景所鼓舞。

一个世纪以后，西尔巴特的愿望得到了实现。玻璃幕墙是现在商业建筑的常用外皮，为了提高透明度和可接近性，建筑师继续用玻璃替代各种不透明材料和结构性材料。诺曼·福斯特是玻璃建筑结构创新方面的佼佼者，比如他1974年的作品——英国萨福克的威利斯·费伯和仲马公司总部大楼。詹姆斯·卡彭特对玻璃在建筑上的应用也做出了很大贡献，比如他2002年的作品——德国波恩莫尔楼梯塔。

高强度玻璃和先进的夹层叠加技术的发展，使玻璃系统可以在小尺度结构中代替钢材、混凝土和木材。实例包括Antenna公司设计的位于英国金斯温福德的博得费尔德·豪斯玻璃博物馆（1994年）、杜赫斯特麦克法兰公司设计的有乐町站顶（1996年），以及帕金斯伊士曼设计的纽约杜菲广场售票亭（2008年）。

威利斯·费伯和仲马公司总部大楼，英国萨福克，福斯特建筑事务所，1974

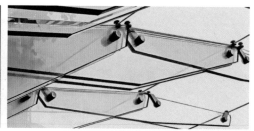

有乐町站顶玻璃连接处的细节，日本东京，杜赫斯特麦克法兰公司，1996

建筑师可以通过采用多层玻璃控制透明度。例如，科罗嫩伯格事务所设计的位于荷兰莱尔丹的玻璃住宅（2002年），外墙由13 000块多层玻璃板组成，玻璃板的厚度从10 cm到170 cm不等，透明度从完全透明到几乎不透明。青木淳为路易·威登六本木之丘店（2003年）设计的建筑立面包含夹在两块玻璃板之间的28 000个直径10 cm、长30 cm的透明玻璃管，创造了一个明亮的纵深幕墙。

建筑师也实现了几何复杂性结晶膜的设想，如赫尔佐格和德梅隆建筑事务所设计的东京普拉达青山店（2004年），建筑师在一个斜交网格结构中加入了曲线平板玻璃。限研吾建筑都市设计事务所设计的蒂芙尼银座旗舰店（2008），外形酷似一个个钻石切面，292个不同朝向的玻璃镶嵌组成一个连续的表面。

颜色也是玻璃建筑中一个有力的设计元素。Tec设计工作室设计的台北华亚科技大楼，使用了不同尺寸的彩色玻璃板，呈现出类似瓷砖墙的效果。UNStudio建筑事务所设计的拉德芳斯办公大楼（2004年）使用了3M分色膜，在不同的角度可以反射不同的光。

路易·威登六本木之丘店，日本东京，
青木淳于 2003 年设计

普拉达青山店，日本东京，赫尔佐格和德梅隆
建筑事务所于 2004 年设计

蒂芙尼银座旗舰店，日本东京，隈研吾建筑都
市设计事务所于 2008 年设计

拉德芳斯，荷兰阿尔梅勒，UNStudio 建筑事务所于 2004 年设计

蓝色玻璃通道

华盛顿，西雅图
詹姆斯·卡彭特设计联合公司

从下向上看玻璃桥

　　长久以来，玻璃易碎性和非物质性的假设，限制了玻璃在建筑承重中的应用。然而，这种固有的脆弱特性激发了建筑师和工程师去打破玻璃不能作为结构材料这一限制。例如，使用玻璃作为悬空的可行走的表面，是对玻璃的一种突破性应用，对视觉和行为产生了重要影响。

　　詹姆斯·卡彭特设计联合公司设计的蓝色玻璃通道是一座悬浮在西雅图市政大楼中的玻璃桥。20 m长的玻璃桥最大化了欣赏普吉特湾和奥林匹克山脉的视野，连接了城市理事会会议厅和市长办公室与行政办公空间。设计团队通过尽量降低玻璃的厚度来模拟海湾的一片水域。5.72 cm厚的半透明地板由层压玻璃组件组成，其中包含由杜邦公司制造的电离塑料保护夹层。这种安全夹层技术是为了高抗震性和安全性而开发的，已经能够与多种材料进行结合。

　　玻璃桥提供了一种挑战感官的体验，卡彭特描述它为"光的通道，漂浮穿过大堂"，第一次接近和穿过玻璃桥会有一瞬间的迟疑。这座玻璃桥实质上更像缺乏支撑的漂浮在水面上的不透明地板，从桥下的大堂向上看去，能看到穿过桥的游客的轮廓。

玻璃桥横跨建筑大厅　　　　　　　　　　朝南的视野

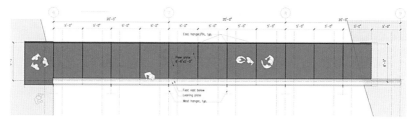

平面图

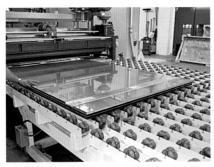

层压玻璃板的制作

玻璃板运送到施工现场

护栏的细节图

托莱多艺术博物馆玻璃厅

美国，俄亥俄州，托莱多
SANAA 建筑事务所

从门厅向室内看

透明服务区

　　路易斯·康的空间组织原则之一是将服务空间与被服务空间分离。对他来说，这种方法通过被服务区之间孤立的服务区，增强了组织架构的清晰性。在托莱多艺术博物馆的玻璃厅，服务区被无所遮蔽地布置在透明玻璃板之间。

　　7060 m²的展馆除了容纳托莱多博物馆相当庞大的玻璃艺术收藏品外，还包括了生产展示空间和临时展览空间。像许多SANNA的作品一样，项目虽然分区简单，但实现过程十分复杂。展馆示意图展示的是在两个水平板（地板和顶棚）之间的一个整层"房间"。但展馆实际上又被细分成了几个空间，视觉上的开放性是因为采用了连接地板和天花板的玻璃墙，这与博物馆的主题吻合。除了两个画廊、一个小庭院、两个服务中心外，整个建筑的视觉领域是一个单一连贯的空间，既连接了每个房间，也连接了建筑内外的空间。

玻璃馆采用了一种非常精明的外墙策略，以避免玻璃建筑的低能效：采用双层的中空玻璃，使外墙成为一个能够控制热能的绝缘玻璃单元。为了优化控温性能，玻璃空腔也具有辐射加热和冷却功能。

玻璃馆开创性地使用了4 m高、曲面的低铁层压玻璃，这样不仅提高了建筑的视野开放程度，也说明玻璃的品质可以进行不断的改进。随着视角的变化，玻璃呈现出在透明、反射和不透明状态之间的转换，同时表现出了水的清澈、光的明亮和无法言语的深度。

东北角

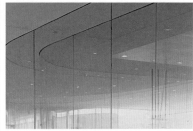

直通天花板的室内玻璃墙

室内的玻璃展示出多种光学特性

室内玻璃幕墙和石膏天花板

邦德街 40号

美国，纽约
赫尔佐格和德梅隆建筑事务所

平面图

　　19世纪，曼哈顿市中心区以砌体复合结构为主的建筑是保罗·西尔巴特想要抹去的典型建筑，它们不透明、臃肿且僵化。在厚厚的砖石中整齐地嵌入窗户的这种熟悉的建筑语言正在逐渐被平整的玻璃外墙所取代。

　　然而，在赫尔佐格和德梅隆建筑事务所设计的邦德街40号中，玻璃外墙的建造并没有按照当时流行的标准进行，而是将玻璃作为传统外墙形式的一个替代材料使用。住宅楼的透明玻璃窗被嵌入一个球根状的半透明绿色玻璃框架中（类似传统砖石建筑）。为了达到要求，玻璃框架被放入一个钟形模具，并在表面加上陶瓷材料来控制光的透过量。玻璃表面也加入了一种防水的自洁表层，使其可以在雨水的冲刷下带走污垢。

　　赫尔佐格和德梅隆建筑事务所的设计方法（在玻璃墙内封入混凝土结构）与市中心摩天大楼的薄玻璃幕墙形成鲜明对比；而且，这栋建筑与拥有砖石外表的邻居们明显不同。邦德街40号表现了西尔巴特的理念：在旧秩序向新秩序的转变中，不能犹豫。

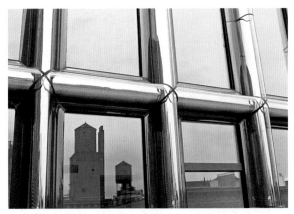

玻璃窗和玻璃框架

从内部看玻璃铸件的框架

玻璃框架的侧视图

纳尔逊—阿特金斯艺术博物馆（扩建）

美国，密苏里州，堪萨斯城
史蒂芬·霍尔建筑师事务所

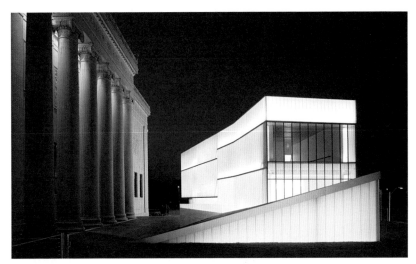

博物馆夜景

在史蒂芬·霍尔的建筑设计生涯中，他一直对透明材料持怀疑态度，他更偏好半透明或不透明的材料。玻璃一般都被用作透明介质，霍尔却为纳尔逊—阿特金斯艺术博物馆的扩建选用了不透明玻璃外墙，这起初令人十分惊讶。但是，博物馆的玻璃外墙是专门设计来控制光而不仅仅是透光。由6000个填充了半透明绝缘物的低铁玻璃垂直排列连接成的外墙，形成了一个可以采光的"窗帘"。建筑外墙上还加了一层半透明的层压玻璃，形成一个1 m宽的步行小道。夜晚，内部的灯光将建筑变成一个柔和发光的灯笼，驱散了内部结构黑暗的阴影。

室内半透明玻璃墙

"灯笼"效果

傍晚的外墙

内部光线映照下的玻璃外墙

GreenPix 零耗能多媒体幕墙

中国，北京
西蒙·季奥斯尔塔工作室

安装有光伏组件的玻璃幕墙细节

　　由西蒙·季奥斯尔塔工作室设计，在2008年北京夏季奥运会举办前建成的GreenPix幕墙，对玻璃幕墙的多功能性和多时相性进行了探索。被建筑师称为"第一个零耗能多媒体幕墙"的GreenPix幕墙，白天吸收太阳能，在晚上发出预设好的光。

　　GreenPix幕墙弥合了传统建筑系统和外墙之间的分离，同时利用遮阳和光伏材料产生的可再生能源。在直接受太阳照射、太阳热能影响的玻璃中，使用陶瓷涂层、染色或反射薄膜等保护策略，以减少太阳辐射的强度。

　　模块化的可扩展的外墙系统，集成了层压玻璃、光伏电池、低分辨率LED灯、蓄电池和照明方案控制装置。集成传感器使幕墙能够与街道上的人流进行互动，定制软件可以控制幕墙上的视频播放内容。

使用中的媒体墙　　　　　　　可调节反射面的外墙

建筑入口

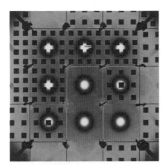

光强度的模拟

测试照明系统

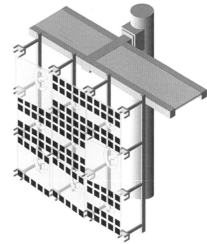

方形光伏玻璃组件

不同颜色的 LED 照明

第六章　塑　料

> 塑料不仅是一种材料，更意味着一种理念：无穷的变化。正如其日常名称所显示的，塑料随处可见。实际上，奇迹往往是自然的突然变化，这使塑料成为一种神奇的材料。塑料正在很多方面孕育着奇迹，塑料，与其说是一种物质，不如说是一场运动的轨迹。
>
> ——罗兰·巴特（Roland Barthes）

　　塑料是在希望中孕育出的一种材料。塑料被我们描述为合成高分子材料，它的名字源于一种活动——浇筑和塑造。希腊动词"plassein"的意思是"浇筑或塑造一种柔软的物体"，而形容词"plastikor"的意思是"可以被浇筑和塑造的"。[1] 20世纪，化学家发明了具有前所未有的特定属性的现代高分子材料，"plastic"这个词就逐渐和人类不断努力想要巧妙地使用材料所取得的成果联系起来了。

　　塑料体现了现代科技工作的困境。一方面，它满足了我们的期望：便利、可控、实用并且耐腐蚀；另一方面，它的生产和传播污染了环境，增加了材料循环利用的复杂性，还挑战了已经建立的对于真实性的定义。塑料是如此的持久耐用，拥有通过核心科技手段获得的令人满意的特性，然而这违背了自然过程。此外，作为易腐烂材料的替代品，廉价材料的广泛应用引起了社会广泛的怀疑和犹豫。小说家托马斯·平琼抱怨塑料的"完美的耐久性"。伊东丰雄为当代文化的无趣乏味感到悲伤，他将其比喻为透明玻璃纸："尽管我们周围有各种各样的商品，然而我们生活在完全同质的环境中。我们的丰富性仅仅靠一层保鲜膜来维持。"[2]

第166～167页：Transstudio, PET 墙，密歇根州安阿伯，2008 年

尽管如此，塑料仍是一种令人难以拒绝的材料，它在建筑中得到越来越广泛的应用，并且刚刚开始显示在科技和环境方面的潜力。另外，目前一个意义深远的转变是正在用可再生资源替代塑料原来的生产原料：石油。随着碳水化合物（可再生材料）逐渐取代碳氢化合物（化石燃料），将来某一天，塑料可能会实现最大量控制和环境容量之间的微妙平衡。

构成

通过原材料的化学反应生成新化学物质，用这种化学物质进而生产出来的塑料显示了广泛的特性，《当代塑料》杂志的一位编辑这样评论其特性之广泛："如同铁、钢、铜或铅，醋酸纤维素、聚苯乙烯、酚醛塑料、尿素塑料以及许多其他（塑料）材料之间也各不相同。"[3] 塑料主要由化石燃料生成，并且由大量重复的被称作单体的单元构成，因此被叫作高分子材料。塑料通常被分为四类：热塑性塑料、热固性塑料、人造橡胶和热塑性人造橡胶（TPE）。热塑性塑料可以被反复加热和冷却，并被塑造成复杂的形状。热固性塑料通常是铸造树脂，一般只能被矫正一次，因为他们的聚合链形成了永久性交叉链。人造橡胶是极具弹性的塑料，被称为合成橡胶。热塑性人造橡胶是一种混合类的人造橡胶，可以像热塑性塑料那样被加工。此外，还有一种生物塑料，是源于自然的可再生资源，尽管生物塑料也表现了其他种类合成塑料的特性，故有时它们被单独分成一类。

工业生产中，供应商提供的塑料通常是小球状的。这些小球和添加剂（比如填塞物、着色剂、燃烧延缓剂，或者被称为调和剂的增强材料）混合在一起，然后被加入制造过程中。制造过程包括多种技术，比如喷射模塑法、

拉斯·斯普布洛伊克设计的 D 型塔，荷兰杜廷赫姆，2004 年

戴尔·奇胡利设计的水晶塔，美国华盛顿塔科马，2002 年，聚亚安酯

压缩模塑法、旋转模塑法、挤压法，或者压延法（在高温高压的情况下使用辊压机）。全球应用最广泛的塑料依次是聚乙烯（PE）、聚氯乙烯（PVC）、聚丙烯（PP）和聚对苯二甲酸乙二醇酯（PET）。[4]除PET、PVC、PP、低密度和高密度PE之外，塑料工业的塑料鉴别码系统还包括聚苯乙烯（PS）以及聚碳酸酯（PC）或者丙烯腈丁二烯苯乙烯（ABS）这些"其他"塑料代码，代码的作用是将不同种类的塑料识别出来以便于循环利用。

历史

19世纪中期塑料首次被制造出来，是提高自然材料性能的实验的附属品。令人鼓舞的是，最终这些新物质将会替代更昂贵且有缺点的材料。英国化学家亚历山大·帕克斯于1855年发明的赛璐珞被认为是第一种热塑性塑料，用于仿造玳瑁和玛瑙。酚醛塑料于1907年被比利时化学家贝克兰从苯酚甲醛和甲醛(产自焦油)的混合物中提取出来，这是第一种热固性塑料，也是第一种从合成材料中获得的塑料。酚醛塑料可替代硬橡胶和虫胶，并可用于制造绝缘电子零件。

20世纪30年代以后塑料的生产出现了爆炸式增长，带动了尿素甲醛树胶、有机玻璃（PMMA）、聚苯乙烯、醋酸纤维素和其他合成高分子材料的商品化发展。到目前为止，塑料已经是遍及全美的家用材料。1941年，英国化学家V.E.亚斯利和E.G.卡曾斯宣布"塑料时代"已经来临，并且描绘了"塑料侠"的未来主义风格的生活。塑料侠出现在这样一个有着色彩华丽的表面的世界："这里孩子的手抓不到任何会被打碎的东西，没有尖锐的边缘和棱角划伤和擦伤孩子，没有裂缝藏匿灰尘和细菌。"塑料现在散发出一种乌托邦的气息，人们预言塑料会创造"一个没有飞蛾、锈迹并且色彩斑斓的世界"。[5]

塑料也受到很多人的批评。第二次世界大战以后，塑料生产的大幅增长逐渐和这个时代新兴的物质主义联系起来，许多人认为塑料是肤浅的和人造的。[6]工厂也在全负荷生产聚四氟乙烯（PTFE）、PET以及高密度和低密度PE。第二次世界大战期间是对塑料的全面测试，比如酚醛塑料和聚乙烯，使怀疑者相信了塑料的巨大潜力，而不再仅仅是讨论。塑料展示了它在绝大多数苛刻环境下的优良性能，因此塑料成为汽车、家具、玩具、服装行业中无处不在的材料，到现在为止，尼龙和氯丁橡胶已经成为丝绸和天然橡胶的替代者，塑料完全改变了这些行业。

酚醛塑料材质的旋转式拨号电话

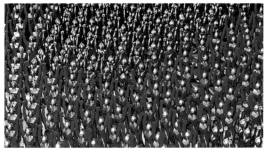

柳幸典，Banzai中心96号，贝尼斯之家博物馆，1991年，大量生产的塑料小雕像

现代范例

塑料最开始只应用于小巧且大规模生产的物体，但建筑尺度的塑料应用在20世纪50年代末期加速发展。塑料制造商可以通过新技术，比如叠压和强化玻璃纤维制模，来适应建筑的大尺度。早期的塑料建筑通常被想象成模板制造的刚性结构或者韧性纤维制造的弹性结构这两种方式中的一种，后一种包括填充式结构和充气式结构。[7]

阿尔伯特·迪茨是一位结构工程师，他在孟山都未来之家的建造中起到重要作用。迪茨在麻省理工的塑料研究实验室研究第二次世界大战中的尼龙装甲，1954年孟山都公司委托该实验室研究并设计革新性的公司大楼。为追求塑料独特的表现形式，迪茨和建筑师理查德·汉密尔顿决定要利用连续的塑料表面来建造一整块建筑外立面。他们将大规模生产的理念融入设计当中，4个悬挂在基座上的分离舱连接在一起组成未来之家。C型的分离舱由玻璃纤维强化塑胶制成，分离舱被吊车放到基座上，组成一个L形。尽管新闻报道称安装过程毫不费力，但实际上安装过程非常艰难、复杂并且需要大量的人工劳动来完成。

第二次世界大战后，工业化房屋建造引起了伯克明斯特·富勒对短程线穹顶的兴趣，短程线穹顶是一种能够以极小的材料曲面面积提供最大空间的积木式结构。富勒最早的小圆屋顶在麻省理工学院制成，它是一种包含薄金属支架的自支撑结构，支架表面覆盖轻型材料。1967年富勒为蒙特利尔世博会美国馆设计了一个几乎完全是球状的圆屋顶，高61 m，直径76 m。1900片模塑的丙烯酸塑料片镶嵌在氯丁橡胶索上，然后覆盖在钢管弦上，这个圆屋顶像"一个映照在天空下的有花边的金银细丝工艺品"。[8] 对富勒来说，塑料为基于自然界中发现的复杂结构模式的无形体限制的建筑提供了可能。

　　建筑师君特·贝尼斯和工程师弗雷·奥托为1972年夏季奥运会设计的慕尼黑奥运会体育场以其他形式吸取了这种理念，这座体育场的特点是有世界上最大的丙烯酸塑料镶板屋顶结构，覆盖了近80 000 m²的面积。帐篷式结构靠钢筋悬索拴在高高的栓柱上，其外形模仿了阿尔卑斯山的地形。2.9 m×2.9 m见方、4 mm厚的标准丙烯酸塑料镶板沿着屋顶表面复杂的几何形状，浮动在氯丁橡胶基座上，而这些基座被固定在75 cm×75 cm的钢索网上。屋顶建造之前需要大量的外延结构计算，复杂的结构像一把巨大的透明伞撑在辽阔的地面上。

阿尔伯特·迪茨，孟山都未来之家，美国加利福尼亚州阿纳海姆，1957 年

伯克明斯特·富勒，加拿大蒙特利尔，世博会美国馆，1967 年

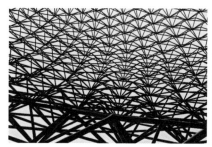

伯克明斯特·富勒，美国馆圆屋顶外壳的细节

君特·贝尼斯和弗雷·奥托，慕尼黑奥运会体育场，德国慕尼黑，1972 年，屋顶细节

环境因素

合成塑料来源于化石燃料，受到了很多与石油和天然气同样的批评，包括消耗非再生资源，导致全球变暖，排放污染，以及加剧了全球的石油竞争，更不幸的是，这种竞争导致了所谓的石油独裁。然而，用石油生产塑料比直接作为燃料更明智，因为当塑料产品的寿命期结束后，可以将塑料融化用作燃料，热量就可以从中释放出来。塑料的生产原料仅仅占全球石油产量的4%，另外需4%用作塑料生产过程中消耗的能源。此外，循环利用和使用可再生的原料可以降低塑料生产对化石燃料的依赖。

许多塑料在其使用期的某些阶段会释放有毒物质。在制造和燃烧的过程中，PVC会释放二噁英———一种广为人知的致癌物。聚亚安酯（PUR）含有二异氰酸酯；尿素和三聚氰胺含有甲醛；聚酯和环氧树脂含有苯乙烯。[9] 还有一些塑料会在其大部分使用期中向大气释放挥发性有机化合物（VOC）或者废气，加重人们的呼吸问题。人们已经知道用于制造某些塑料的双酚基丙烷（BPA）和邻苯二酸甲酯会导致内分泌失调，即使是量很少也会导致人体的发育问题。这些化学物质已经在环境中蔓延，并且难以降解。人们必须努力减少或者消除这些材料的使用，并且在生产过程中采取必要的安全预防措施。

尽管塑料抗自然降解的特性在其使用过程中很受欢迎，然而这种耐久性并不总是令人满意的，尤其考虑到它在环境中一直存在，而人们并不乐意看到它。10%的废弃塑料被排放到了世界各大海洋中，洋流将这些材料聚集到了五个不同的漩涡中，形成了耐久垃圾的浮岛，这些浮岛成为环境死亡地带。[10]幸运的是如果处置合理，热塑性塑料很容易被循环利用，而热固性塑料可以被重新研磨，制成新的合成物（尽管这还不普遍）。用可循环材料制

北海石油开采平台

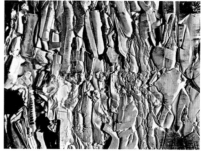
压缩的挤压式泡沫塑料，准备循环使用

造塑料可以降低塑料的自含能量。与制造原生塑料相比，1吨再生塑料可以节省2.6 m³的石油，这可节省50%～90%的能源。[11] 因此，在设计和确定技术规格过程中考虑塑料零件的可再生能力和可降解能力非常重要。

　　生物塑料使用的是自然可再生的原料。最常见的生物塑料是高分子材料，其生产原料有天然乳酸和聚羟基脂肪酸酯（PHA,PHB），前者可从玉米或牛奶中提取而来，而后者则由大豆油、玉米油、棕榈油中的糖和脂类发酵而来。[12] 生物塑料最初主要应用于包装、容器以及瓶子等一次性产品，现在它正越来越多地应用在一些要求更为苛刻的产品之上，例如移动电子设备的外壳和微处理器、汽车车身零件以及建筑材料。当比较脆的生物塑料用于建筑材料时需要添加增塑剂以及玻璃和洋麻纤维来提高其韧度和强度。生产生物塑料对于能源的需求更小，而且它是可生物降解的。生物塑料特殊的化学性质，使人们可以根据产品用途来设定它的使用寿命。

NatureWorks LLC 公司使用的 Ingeo
生物塑脂

突破性技术

因为塑料是一种相对较新的材料，所以它与当代社会的理念密切相关。塑料在现代科技和文化的发展中起到了明显的作用，但是它也一直是具有争议性的材料。塑料的技术进步一般遵循以下两条路径：性能提高和材料替代。性能提高要求塑料能够比其他的材料更轻便、坚固、耐用、柔软以及不易褪色，而材料替代则指塑料的应用可以作为其他物质的替代物。随着对废弃塑料难以降解的关注度的不断提高，现在出现了第三种路径，即用新材料制造可以循环再利用的塑料，以及研发可以安全降解的生物塑料。

耐用且轻便的蜂窝状塑料复合板最初是为制造卡车车床而开发的，而现在被越来越多地应用在建筑材料上。这些复合板结构的上下表层是固体聚合物片材，例如玻璃纤维和聚酯树脂熔铸的贴面，中间是由聚碳酸酯或铝制造的蜂巢状夹芯。这些高分子复合材料硬度高，重量轻，具有光传导性，尤其是它们丰富的可供选择的颜色和样式，使得它们能够很好地应用到轻型结构之上，例如墙面、地板和工作台面。

性能提高不仅意味着在机械和美学上的改善，而且还涉及自我控制和调节（这是智能材料的标准）。自修复塑料是指在结构上具有自动修复能力的塑料。受生态系统的启发，自修复塑料使用催化化学触发机制以及环氧树脂基体的微囊愈合剂。不断变大的裂缝会使微囊破裂，随后，微囊便会通过毛细作用往裂缝中释放愈合剂。

感应塑料是一种形状记忆聚合物，它能够从坚硬的状态变为弹性状态然后恢复到原来的形状，可以被广泛运用于建筑结构、家具、模具、包装等领域。这种材料被加热到活化温度之上后会很容易被塑形，冷却后，它会一直保持新的形状，直到再次被加热才恢复到最初加工后的形状。研究成果表明，感应塑料表面层上有一种基于聚合物的控制光和通风的窗口，窗口在空气气压下降到理想水平以下时会增加气流量，这样就可以通过鳃状板条的打开和闭合来调节表面的形状。

塑料广泛运用于数字制造技术上，如3D打印技术。科学家专门为此技术开发了工程纳米复合树脂，在这种技术（增材制造）中，高分子材料连续形成层状沉积固化物体。麻省理工学院媒体实验室试验了使用OBJET's Polyjet矩阵技术打印高分子材料，这种技术根据两种高分子材料的物理特性的不同使它们承担不同的角色，比如结构和表面，从而实现复杂的几何形

伊利诺伊大学贝克曼研究所自修复高分子材料

NEC 公司使用的可循环且具有形状记忆的生物高分子材料

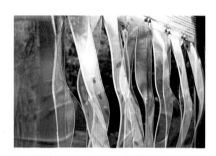

感应塑料 Kinetic Glass 表层变形中的聚氨
酯窗口

状。另一项技术是由佐治亚理工学院开发的三维多光子光刻技术,它采用聚
焦的激光束使高分子凝胶变成固体。

　　塑料也促进了可再生能源的利用。有机光伏电池(OPV)是一种用来导
电和利用能量的高分子材料。尽管相对低效,OPV却仍然广受欢迎,这是因
为它可以以较低的成本大规模生产。由OPV的多个纳米结构层制造的轻柔
的薄膜在很多应用中能将光转化为能量。因为这种薄膜比传统的太阳能电
池有更好的光谱灵敏度,所以它可以从所有的可见光光源中获得能量。将
灵活轻巧的OPV能量采集系统安装到现有的建筑外立面上十分容易,这提
高了低成本可再生能源的适用性。

　　塑料能够很快地传递和过滤光,这促使新兴的高分子材料技术致力于
探索塑料在传播光方面令人惊喜的新功能。高分子发光二极管(PLED)于
1989年在剑桥大学被发明,它在有电荷存在的情况下就可以发光。与液晶
显示器(LCD)相比,PLED发光效率高,有卓越的清晰度、亮度、可见性和宽
视角,制造简单,可以用来制造薄显示器。

　　塑料镜膜被设计用来实现光传输效率的最大化。虽然它是完全基于高
分子材料来制造的,但这种高分子材料薄膜的光反射率可以超过99%,比
任何金属的都高。银和铝是制作镜子最常用的金属,而高分子材料薄膜相

比银和铝能更精确地反映颜色。薄膜可以用在光传输系统上，为黑暗的室内带来日光。其他值得注意的材料有能够根据视角的变换呈现透明或半透明状态的聚酯薄膜、受夜间飞行蛾眼结构的启发而发明的防反射膜，以及利用光导管三维矩阵能将光传输到阴暗区域的高分子材料结构板等。

塑料自从发明以来，就一直被用来替代其他材料。塑料几乎可以以假乱真地替代象牙、漆器、棉花、木材、石材、金属等材料，只有在用手触摸的时候才能发现塑料和上述材料之间的区别。尽管使用塑料替代这些材料主要是基于经济成本上的考虑，但是也有涉及其他方面的考虑。例如，杜邦公司的可丽耐是用来代替石块和石英的一种固体表面材料。这种固体表面材料是用丙烯酸以及三水合氧化铝来制造的，开发的初衷是在医学研究中用于代替人体骨骼。可丽耐的耐用性、可塑性以及抗渗性使得它比其他固体表面材料更具有优势。

用玉米以及其他农产品制造的高分子材料使更多基于可再生资源的塑料成为可能，例如旨在取代轻木的几丁质聚合物是从蘑菇中提取的，用来制造电脑和手机外壳的生物塑料材料由红麻纤维增强，用来制造电路的复合材料来自于大豆和鸡毛。

石油资源的稀缺以及不可避免的塑料垃圾处理问题促使人们更多地使用可再生材料制造的塑料，同时也促使越来越多的公司利用塑料垃圾制造各种产品。在精明的厂家眼中，废弃的光盘、聚碳酸酯水瓶、半透明的牛奶壶、聚苯乙烯食品包装、聚丙烯制造的地毯、聚酯磁带等废弃物在粉碎之后都是高分子原材料，厂家会不断赋予它们新用途，用来制造新的产品。

SensiTile Systems 公 司 的 Jali 3M 光学镜膜
Cascata Zari 光折射率聚合物夹芯板

特拉华大学复合材料中心 2006 年使用来自鸡
毛和大豆的材料制造的电路板

突破性应用

　　塑料在建筑方面的应用是具有突破性意义的。合成高分子材料的发展使得塑料可以越来越多地替代建筑材料。在管道、壁板、门窗、防水层、墙面、家具以及各种涂料和黏合剂的身上都出现了塑料的影子，取代了传统的木材、石材、陶瓷和金属等材料。这种现象在很大程度上是由经济利益驱动的，因为使用塑料产品取代原有的材料可以降低成本。

　　早期的高分子材料专家察觉到了公众对于塑料产品的不信任，由此开始寻求改变塑料在人们心目中的脆弱形象,他们宣称塑料不再是"替代性材料",而是"人们依据自己的需求而去创造"的材料。[13] 事实上,塑料已经被开发出一些特有的性能,这增强了塑料的独特性。大多数应用在建筑上的塑料是在1931年到1938年之间被发明的,而20世纪50年代之后塑料才开始在建筑中得到广泛应用。[14]

利用轻质材料制造墙壁和多孔板正在成为一种趋势,使用纯亚克力(PMMA)或聚碳酸酯(PC)制造的水平的、波浪形或者多层的片材,由于具备重量轻、透光、绝缘的优点,受到了越来越多人青睐。隈研吾建筑都市设计事务所在东京的塑料屋项目表面覆盖了一层组装的半透明PC镶板,这些镶板被拴在轻钢龙骨的一侧和半透明保温板上。该事务所在日本多治见市设计的Oribe茶馆(2005年),使用了紧密排列的波纹状塑料片,通过塑料嵌入物将它们连接起来,淘汰了钢结构支架。最终呈现了一个像发光的蚕茧一样的梦幻般的空间。

与塑料屋中对塑料的使用一样,Nendo公司在东京的和式书屋(2005年)表面覆盖了玻璃纤维强化塑料(FRP)镶板,从里面能隐约地看到外面书架上的书的影子。其他一些工程也使用了轻型塑料结构镶板,包括SOMOS

日本隈研吾建筑都市设计事务所2005年在日本多治见市设计的Oribe茶馆

建筑事务所在马德里的Vallecas 51号工程（2009年），该建筑在活动的铝质幕墙系统上面使用了彩色PC镶板。还有Moomoo建筑师事务所在波兰罗兹的Lo1 House（2008年），它使用了绝缘塑料组合镶板作为外层。

一些颇具影响力的案例展示了塑料在雕塑应用方面的潜力。这激励了几代建筑师去探索如何把握好塑料的形态和性能，比如孟山都的未来之家和马蒂·苏洛宁在芬兰设计并批量生产的Futuro Haus（1968年）。拉斯·斯普布洛伊克显然支持塑料作为雕塑的介质，他的一些工程项目体现了这一点，比如他在荷兰杜廷赫姆的D型塔（2004年）项目，塔高12 m，其高分子结构的表面会在晚上发射出各种各样的色彩。

其他建筑师利用了塑料优良的柔韧性。比如SANAA建筑事务所在东京的迪奥表参道大楼（2004年），利用了半透明刚性丙烯酸塑料"窗帘"，在外部的玻璃后面创造了一层轻薄的外皮。塑料在大型建筑的纺织物表皮系统中的应用展示了令人满意的环境效果，比如尼古拉斯·格林姆肖建筑事务所在英国康沃尔的伊甸园工程（2001年），以及PTW建筑设计事务所为2008年夏季奥运会设计的北京国家水上运动中心，这两座建筑都用到了充气ETFE包层。源于塑料的纺织物也广泛用于不充气的平整的外皮，比如吉

  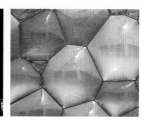

隈研吾建筑都市设计事务所的 Oribe 茶馆在细节中应用塑料薄板以及添加物

SANAA 建筑事务所，迪奥表参道大楼，日本东京，2004

PTW 建筑设计事务所，北京国家水上运动中心，中国北京，2008，ETFE 表面的细节

恩·诺威尔的哥本哈根音乐厅里的玻璃纤维强化PVC窗帘，它白天是一个色泽鲜明的纱罩，晚上是一个投影屏幕。

建筑师赋予了塑料第二次生命。FCJZ工作室开发了塑料路面砖更多出人意料的功能，通常，塑料路面砖用于强化停车场的路面，而FCJZ将它们用于北京塑料厕所（2005年）的墙面和房顶。在建造期间，这些蜂窝结构组件被连在一起，形成更大的表面，表面的两侧都用半透明聚碳酸酯片包裹起来。循环使用的PET饮料瓶被组装到Transstudio设计的PET墙（2008年）的连锁组件中，这种PET墙是一种自支撑的半透明光幕，它将注塑塑料模块组合在一起，形成了一个膨胀的散光透镜。

吉恩·诺威尔工作室，哥本哈根音乐厅，荷兰哥本哈根，2009

FCJZ工作室，塑料厕所，中国北京，2005

阿玛尼第五大道店

美国，纽约
福克萨斯建筑设计事务所

从顶部观看大楼梯

　　哈里森·阿布拉莫维茨和阿贝设计的阿玛尼第五大道店在国际上颇为知名，它是受阿玛尼委托建造的阿玛尼官方旗舰店。福克萨斯建筑设计事务所设计这家店时，并没有将注意力放在建筑的外表上，而是关注店内的直接体验。

　　这家占地3995 m²的店面的焦点之处在于连接3层楼（高13.7 m）的内部楼梯。它以一个流体的形式将整个店面连接在一起，造型流畅、新颖。它的整体由冷轧钢板和与之完美衔接的白色聚合物涂层建造而成，形成了一个复杂交织的几何涡状结构。楼梯外表看上去毫无支撑点，再加上表皮由光滑的树脂抛光而成，造成了一种可以不受重力影响的假象。楼梯扶手底部安装了LED灯，将行走的曲线展现无遗。

　　楼梯表面由塑料整体包裹而成，充分体现了塑料的可塑性。楼梯的设计师以流体形式设计它，表达了一种悬浮在空中的冷冻液体一样的感觉。

楼梯平台

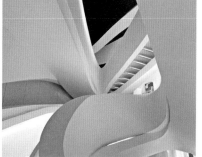

楼梯的曲线细节图

从楼梯上看大厅

从底部观看楼梯

楼梯的轮廓图

师法自然亭

丹麦，汉勒贝克
3XN 建筑师事务所

路易斯安那艺术博物馆的亭子、上面有避风港

　　2009年"绿色建筑面向未来"的展会上，丹麦路易斯安那现代艺术博物馆邀请3XN建筑师事务所设计了一个探索可持续和智能材料前沿领域的亭。尽管亭的内部尺寸只有8 m×5 m×3.5 m，但是设计者却对它有着极大的期望。现有的绿色材料似乎只能起到环保的功能，而3XN的设计师们计划开发出一种新的能够具备多项功能的复合材料，其中包括发电、阶段性改变功能（能够储存和释放大量的能源）、快速可再生性、可回收性、自我清洁性、高效照明等。

　　使用新的复合材料制成的亭是具有连续曲面的莫比乌斯带，这种复合材料的组成成分有亚麻纤维、软木及从玉米和大豆衍生出来的生物树脂。设计师们想利用快速再生的自然资源去制造一种可以在最后被生物安全降解的塑料。软木和亚麻纤维被Envirez聚酯树脂覆盖，Envirez聚酯树脂是第一种商业化生产的利用可再生资源制造的不饱和聚酯树脂。

　　设计师们将一些其他的先进技术应用到这些复合生物材料上，如利用相变材料储存潜在热量的微球，它能使座位的表皮在环境温度的变化中始终处于让人很舒适的状态。另外两种技术是含有二氧化钛纳米粒子的薄玻璃涂层和二氧化硅纳米结构的涂层，它们提供了减少污染和自我清洁的功能。压电传感器安装在下部区域，它可以把触摸的压力转化为电能，与安装在上部区域的太阳能光伏薄膜一起为LED灯供电。师法自然亭虽然是一个看似简单的雕塑装置，但是却探讨了塑料的未来可能性，并在此背景下展开了学习和谈论。

回眸展亭

用于制作生物复合材料的原材料

展亭的建造结构

城市代码（上海世博会塞尔维亚馆）

中国，上海
娜塔丽娅·奥德拉戈维奇和达科·卡卫

具有 ćilim 模式的建筑外观

几个世纪以前，一种叫作ćilim的毯子编织方法，起源于塞尔维亚东南区域的一个名为皮罗特的小镇。这个行业由女人主导，是她们用双手使用平面编织技术编织了这些巧夺天工、多姿多彩的毯子。这些精心编织的纺织品加上来自伊斯兰教和基督教的传统生动的图案，使它们变得尤为光彩夺目。[15]

来自塞尔维亚的建筑师娜塔丽娅·奥德拉戈维奇和达科·卡卫借鉴了自己国家的传统编织技术，将这种古老的文化遗产用到了2010年上海世博会的塞尔维亚馆上。建筑师用这种编织技术象征统一，而合成材料则象征着文化的和谐。

　　每一种使用这种编织技术编织的毯子都有自己独特的手工图案，建筑师将它诠释为代码，并且将这些图案应用到建筑的外立面上。他们用五颜六色的楔形可再生的PP方块作为纬纱，用悬挂这些方块的钢索网络作为经纱。蜂窝状的楔子交替叠加，以不重复的模式将建筑包裹在其中，隐匿着一种不为人知的代码。聚合物厚块装饰着梯形的开口，增加了视觉的深度和内部的视觉空间，圆角的边缘则确保建筑物在角上的无缝过渡。此外，根据设计，这种PP方块在世博会之后可以作为储存和运输物品的容器或家具。

建筑内部发光的单元

夜晚的入口处

正面的斜视图

TIC 媒体中心

西班牙，巴塞罗那
Cloud 9 事务所（安瑞科·鲁伊斯·格力）

东南立面图

　　安瑞科·鲁伊斯·格力将自己大胆的想法运用在了位于巴塞罗那街区22号的TIC媒体中心上，它将成为传媒企业家和信息技术公司的交流中心。该项目位于19世纪加泰罗尼亚老工业区中心，建筑面积有23 104 m²，代表着从工业时代到信息经济时代的转变。

　　TIC媒体中心的设计参考了两个当地因素：这个地区19世纪的工厂和坐落在Eixample扩建区的安东尼·高迪设计的著名建筑米拉之家。盒式的TIC媒体中心的统一桁架结构有着大工厂的影子，而颇具表现力的外观则让人想起高迪的华丽建筑外观。

　　建筑被ETFE塑料覆盖以获得太阳能。每一个能够自我清洁的ETFE组件都有三个气囊，能够在需要的时候膨胀起来，其中一个是透明的，而另外两个在完全重叠时可以显示图案并遮挡阳光。在正常情况下，这个系统是透光的，但是在处于阳光的直接曝晒下时，气动系统会调出第二层和第三层来遮挡阳光。设计师为了获知建筑不同部位受到阳光曝晒的程度，将建筑的表面各处设计得不尽相同。其中西南区最容易受到曝晒，安装了充满氮气的ETFE材料的荚状管。这些"垂直云"会在一天中最热的时候充满液态氮，来抵挡阳光的直射。

　　大跨度的结构以及能够随环境调节的外表使得这座建筑具备数字可操作性。对鲁伊斯·格力而言，这是一个富有表现力的建筑结构，可以体现出信息的转移。

正面的凹处

窗口处的 ETFE 系统的细节图

使用 ETFE 覆盖的东南立面细节图

种子圣殿（上海世博会英国馆）

中国，上海
赫斯维克工作室

夜晚时能够照明的"触须"

在上海世博会上，由赫斯维克工作室设计的英国馆对于游人的视觉来说是个很大的挑战，因为人们要去捕捉它瞬息万变的外表。展馆覆盖着60 000束光能够透过的丙烯酸棒，旨在扩大建筑物表皮的领域。无论从照片上看，还是从现场看，轻柔、精细的建筑物的边缘会让人觉得不真实，不过这正是赫斯维克模糊外表的意图所在。

种子圣殿占地6000 m²，它呈现给游客的是来自英国萨里皇家植物园的千年种子项目里的各种各样的种子。种子圣殿本身由7.5 m长的"触须"组成，它们向外伸展，随风摇曳，每根"触须"顶端都嵌有植物种子。"触须"的尾部就是整个建筑的框架结构，由钢铁和木头架构组合而成，其间穿插着有细丝嵌入的铝套。铝套固定的位置十分精确，是使用三维CAD来获取空间信息并使用数控铣床机器操作完成的。

　　白天，通过"触须"传递阳光为室内照明，而夜晚则通过嵌入的隐蔽光源发光。微风吹过，成千上万的"触须"在空中飘动。

入口

从入口处看到的内部空间

建筑的空间放大效果   外部的连接处

室内吊顶

"触须"顶部的种子

致 谢

有幸曾汇编材料的系列书刊,让我有机会创作这本关于材料是如何应用于建筑中的书籍。感谢普林斯顿建筑出版社的珍妮弗·汤普森、克莱尔·雅各布森、琳达·李、保罗·瓦格纳和凯文·利珀特的鼓励和帮助。感谢江苏凤凰科学技术出版社在本书中文版的出版过程中所做的工作。

感谢明尼苏达大学的蕾妮·程、托马斯·费舍尔、玛丽·古佐夫斯基、瑞秋·扬纳科内、兰斯·兰文、斯蒂芬·维克,他们的鼓励让我受益匪浅,同时要感谢明尼苏达大学其他教师、职工和学生一如既往的支持。此外,郑重感谢这两年时间里参与材料策略研讨会的以下诸位研究生,他们的意见让我获益良多:所罗门·阿塔、安德鲁·布雷斯代、斯科普·卡尔森、彼得·科斯坦佐、凯瑟琳·戴尔、内特·道奇、莫莉·伊根、乔希·奥斯坦德、珍妮弗·加曼、安东尼·哈灵顿、阿克·拉尔森、马克·拉尔文、彼得·莱希、艾莉森·马科维茨、恩基·迈克尔、杰克诺·思拉普、莱恩·来普逊、南希·罗斯、布兰妮·施瓦格、格雷戈里·施瓦茨、皮塞斯·特、詹姆斯·汤普森、伊丽莎白·特纳、艾莉森·温德姆及阿赫蒂·韦斯特法尔。

尤为感激我的夫人希瑟·布劳内尔,她为此书的照片收集以及照片权限的获取付出良多,而且一度跟随我到遥远的中国去调研。这次去东亚的调研还要感谢明尼苏达大学基金的支持,以及慷慨好客的上海的埃里克和詹妮弗·菲利普斯、东京的太田浩。还要感谢汉立木业的诸位同仁内德·克拉默、布劳里·奥阿格尼斯、伊丽莎白·达芙、林赛·罗伯茨、基利·奥布莱恩,感谢他们支持我正在进行的关于材料的调研。

最后,感谢家人对我一如既往的无私支持!

项目索引

建成时间：1949 年
材料：平板玻璃
玻璃，p. 145

竹屋
设计者：隈研吾建筑都市设计事务所
地点：中国北京
建成时间：2002 年
材料：竹子
木材，pp. 91

GreenPix 零耗能多媒体幕墙
设计者：西蒙·季奥斯尔塔工作室
地点：中国北京
建成时间：2008 年
材料：光伏—玻璃组件
玻璃，pp. 163—165

古根海姆博物馆
设计者：弗兰克·盖里
地点：西班牙毕尔巴鄂
建成时间：1997 年
材料：钛
金属，pp. 116

里斯本建筑三年展展馆的宜居雕塑
设计者：米格尔·阿鲁达
地点：葡萄牙里斯本
建成时间：2010 年
材料：软木
木材，pp. 93

霍顿律师事务所新总部大楼
设计者：3XN 建筑师事务所
地点：丹麦哥本哈根
建成时间：2009 年
材料：石灰面板
矿物，pp. 43—45

兵库县立美术馆
设计者：安藤忠雄
地点：日本神户
建成时间：2002 年
材料：混凝土
混凝土，pp. 53

雅各布斯住宅
设计者：弗兰克·劳埃德·赖特
地点：威斯康星州麦迪逊
建成时间：1936 年
材料：雪松木板
木材，p. 83-84

神保町剧院
设计者：日建设计有限公司
地点：日本东京
建成时间：2008 年
材料：钢板
金属，pp. 122—123

菅野美术馆
设计者：阿部仁史建筑事务所
地点：日本仙台市
建成时间：2006 年
材料：考顿钢
金属，pp. 125—126

金贝尔艺术博物馆
设计者：路易斯·卡恩
地点：德克萨斯州沃思堡
建成时间：1972 年
材料：混凝土
混凝土，pp. 57

上海世博会韩国馆
设计者：韩国 Mass Studies 事务所
地点：中国上海
建成时间：2010 年
材料：钢和铝板
金属，pp. 135—137

拉德芳斯
设计者：UNStudio 建筑事务所
地点：荷兰阿尔梅勒
建成时间：2004 年
材料：五彩玻璃
玻璃，pp. 151—153

精品银座店
设计者：中村拓志 & NAP 建筑事务所
地点：日本东京
建成时间：2004 年
材料：有空钢盘
金属，p. 122

师法自然亭
设计者：3XN 建筑师事务所
地点：丹麦汉勒贝克
建成时间：2009 年
材料：生物复合高分子面板
塑料，pp. 187—189

洛斯大厦
设计者：阿道夫·洛斯
地点：奥地利维也纳

建成时间：1910 年
材料：大理石
矿物，p. 23

路易·威登六本木之丘店
设计者：青木淳
地点：日本东京
建成时间：2003 年
材料：透明玻璃管
玻璃，p. 151

笛扬博物馆
设计者：赫尔佐格和德梅隆
地点：美国加利福尼亚州旧金山
建成时间：2005 年
材料：有孔铜板
金属，p. 122

玻璃屋
设计者：皮埃尔·查理奥
地点：法国巴黎
建成时间：1932 年
材料：玻璃块
玻璃，pp. 143

大理石窗帘
设计者：Studio Gang 建筑工作室
地点：华盛顿国家博物馆
建成时间：2003 年
材料：半透明大理石
矿物，pp. 31—33

TIC 媒体中心
设计者：Cloud 9 事务所
地点：西班牙巴塞罗那
建成时间：2010 年
材料：ETFE 覆盖膜
塑料，pp. 192—193

圣约翰教堂
设计者：VJAA
地点：美国明尼苏达州
建成时间：2008 年
材料：混凝土
混凝土，p.66

孟山都未来之家
设计者：阿尔伯特·迪茨
地点：美国加利福尼亚州阿纳海姆
建成时间：1957 年
材料：纤维增强塑料
塑料，pp. 172—173

材料：柳条面板
木材，pp. 100—103

水晶宫
设计者：约瑟夫·帕克斯顿
地点：英国伦敦
建成时间：1851 年
材料：玻璃和铁框
玻璃，p. 143-144

托莱多艺术博物馆玻璃厅
设计者：SANAA 建筑事务所
地点：美国俄亥俄州托莱多
建成时间：2006 年
材料：层压玻璃
玻璃，pp. 157—158

瓦尔斯温泉浴场
设计者：彼得·卒姆托
地点：瑞士格劳宾登
建成时间：1996 年
材料：石英岩石
矿物，pp. 25

索恩克朗教堂
设计者：费·琼斯
地点：阿肯色州尤里卡温泉
建成时间：1980 年
材料：松树
木材，pp. 84—85

蒂芙尼银座旗舰店
设计者：限研吾建筑都市设计事
务所
地点：日本东京
建成时间：2008 年
材料：玻璃板
玻璃，p. 151-152

东京国际会议中心
设计者：Rafael Viñoly
地点：日本东京
建成时间：1996 年

材料：钢架
金属，p. 111

蒙特利尔世博会美国馆
设计者：伯克明斯特·富勒
地点：加拿大蒙特利尔
建成时间：1967 年
材料：丙烯酸树脂面板
塑料，p. 172

明尼苏达大学建筑学院
设计者：史蒂芬·霍尔
地点：明尼苏达州明尼阿波利
斯市
建成时间：2002 年
材料：管状玻璃
玻璃，p. 149

上海世博会 2049 馆
设计者：朱建平
地点：中国上海
建成时间：2010 年
材料：麦秆瓷砖
木材，pp. 104—105

醒来
设计者：理查德·塞拉
地点：华盛顿西雅图奥利匹克雕
塑公园
建成时间：2004 年
材料：考顿钢
金属，p. 111

韦斯曼艺术博物馆
设计者：弗兰克·盖里
地点：明尼苏达州明尼阿波利
斯市
建成时间：1993 年
材料：不锈钢
金属，p. 115

风幕装置
设计者：斯内德·卡恩

地点：明尼苏达州明尼阿波利斯市
建成时间：2010 年
材料：铝制微型模块
金属，p.123

Yufutoku 餐厅
设计者：ISSHO 建筑事务所
地点：日本东京
建成时间：2009 年
材料：木窗
木材，p. 93

有乐町站顶玻璃连接
设计者：杜赫斯特麦克法兰公司
地点：日本东京
建成时间：1996 年
材料：玻璃
玻璃，pp. 150

座·高丹寺公共剧院
设计者：伊东丰雄建筑设计事务所
地点：日本东京
建成时间：2009 年
材料：钢板
金属，pp. 132-134

萨拉戈萨桥
设计者：扎哈·哈迪德建筑事务所
地点：西班牙萨拉戈萨
建成时间：2008 年
材料：玻璃纤维混凝土
混凝土，pp. 74-75

注 释

概论

1. Louis I. Kahn described the "measurable and the unmeasurable" in a talk to students at the School of Architecture, ETH, Zurich, February 12, 1969, reprinted as "Silence and Light—Louis I Kahn at ETH 1969," in *Louis I. Kahn: Complete Work 1935–1974*, 2nd ed., ed. Heinz Ronner and Sharad Jhaveri (Basel: Birkhäuser, 1987), 6.

2. Richard Weston, *Key Buildings of the Twentieth Century* (New York: W. W. Norton & Company, 2004), 11–12.

3. Stephen Kieran and James Timberlake, *Refabricating Architecture: How Manufacturing Methodologies are Poised to Transform Building Construction* (New York: McGraw-Hill, 2003), 35.

4. Buckminster Fuller proposed the "world game" concept as a part of the curriculum at Southern Illinois University Edwardsville in 1961.

5. William McDonough and Michael Braungart, *Cradle to Cradle: Remaking the Way We Make Things* (New York: North Point Press, 2002), 6.

6. Eric McLuhan, Frank Zingrone, and Marshall McLuhan, *Essential McLuhan* (New York: Basic Books, 1996), 349.

7. Marshall McLuhan, "The Emperor's New Clothes," in *Essential McLuhan*, ed. Eric McLuhan and Frank Zingrone (New York: Basic Books, 1996), 344.

8. See Clayton M. Christensen, *The Innovator's Dilemma* (New York: Harper Collins Publishers, 2003).

9. Le Corbusier, *Towards a New Architecture*, trans. Frederick Etchells (London, UK: John Rodker, 1931), xii.

10. Dirk Funhoff, "The Development of Innovative Materials," in *Construction Materials Manual*, by Manfred Hegger, Volker Auch-Schwelk, Matthias Fuchs, and Thorsten Rosenkranz (Basel: Birkhäuser, 2006), 28.

11. W. Brian Arthur, *The Nature of Technology* (New York: Free Press, 2009), 163–64.

12. Roberto Verganti, *Design-Driven Innovation* (Boston: Harvard Business Press, 2009), 4.

13. Jun Aoki quoted in Blaine Brownell, "Recoding Materiality," in *Matter in the Floating World* (New York: Princeton Architectural Press, 2011), 158.

14. Kenya Hara quoted in Brownell, "Information Architecture," in *Matter in the Floating World* (New York: Princeton Architectural Press, 2011), 88.

15. Takaharu Tezuka quoted in Brownell, "Expanding Boundaries," in *Matter in the Floating World*, 28.

16. Stan Allen, "ARO's Applied Research," in *ARO: Architecture Research Office*, by Stephen Cassell and Adam Yarinsky (New York: Princeton Architectural Press, 2003), 6–7.

17. Louis Sullivan quoted by Adolf Loos in Ulrich Conrads, *Programs and Manifestoes on 20th-Century Architecture* (Cambridge, MA: MIT Press, 1970), 19.

18. Kengo Kuma quoted in Brownell, "The Presence of Absence," in *Matter in the Floating World*, 42.

19. Ian Stewart and Jack Cohen, *The Collapse of Chaos: Discovering Simplicity in a Complex World* (London: Penguin Books Ltd., 2000), 411.

20. Le Corbusier, *Towards a New Architecture,* 148.

21. Elizabeth Cromley, "Domestic Space Transformed, 1850–2000" in *Architectures: Modernism and After*, ed. Andrew Ballantyne (Oxford: Blackwell Publishing, 2004), 190.

矿物

The epigraph to this chapter is drawn from Manuel De Landa, *A Thousand Years of Nonlinear History* (New York: Swerve Editions, 2000), 26–27.

1. Manfred Hegger, Volker Auch-Schwelk, Matthias Fuchs, and Thorsten Rosenkranz, *Construction Materials Manual* (Basel: Birkhäuser, 2006), 48.

2. Ibid., 49.

3. Stanford Anderson, *Eladio Dieste: Innovation in Structural Art* (New York: Princeton Architectural Press, 2004), 147.

4. Hegger, Auch-Schwelk, Fuchs, and Rosenkranz, *Construction Materials Manual*, 41.

5. Ibid., 44.

6. The calculation is taken from Michael F. Ashby, *Materials and the Environment: Eco-Informed Material Choice* (Burlington, MA: Butterworth-Heinemann, 2009), 335, 337.

7. Thermal mass is a term used to describe how particular materials delay and reduce the severity of temperature fluctuations.

8. Asako Miyasaka, "Underground Mine Preserves Legacy of Oya Stone," *The Asahi Shinbun*, June 18, 2010, http://www.asahi.com/english/TKY201006170491.html.

混凝土

The epigraph to this chapter is drawn from Marcus Vitruvius Pollio, *The Ten Books on Architecture*, trans. Morris Hicky Morgan (New York: Dover Publications, 1960), 46–47.

1. Thomas Herzog, Roland Krippner, and Werner Lang, *Facade Construction Manual* (Basel: Birkhäuser, 2004), 101.

2. Franz-Josef Ulm, "What's the Matter with Concrete?" in *Liquid Stone: New Architecture in Concrete*, ed. Jean-Louis Cohen and G. Martin Moeller, Jr. (New York: Princeton Architectural Press, 2006), 218.

3. Antoine Picon, "Architecture and Technology: Two Centuries of Creative Tension," in *Liquid Stone*, 8.

4. Frank Lloyd Wright, "In the Cause of Architecture VII: The Meaning of Materials—Concrete," *Architectural Record*, August 1928, 98–104.

5. Donald H. Campbell and Robert L. Folk, "Ancient Egyptian Pyramids—Concrete or Rock," *Concrete International* 13, no. 8 (1991): 28, 30–39.

6. Bill Addis, *Building: 3000 Years of Design, Engineering and Construction* (New York: Phaidon Press, 2007), 38.

7. Fair-face concrete is a concrete that remains exposed and unfinished. Its surface is of sufficiently high quality that it requires no additional treatment beyond curing.

8. Robert McCabe, "Above Ground, a Golf Course. Just beneath It, Potential Health Risks," *The Virginian-Pilot*, March 30, 2008, http://hamptonroads.com/2008/03/above-ground-golf-course-just-beneath-it-potential-health-risks.

9. Blaine Brownell, *Transmaterial: A Catalog of Materials that Redefine our Physical Environment* (New York: Princeton Architectural Press, 2006), 19.

10. Blaine Brownell, *Transmaterial 2: A Catalog of Materials that Redefine our Physical Environment* (New York: Princeton Architectural Press, 2008), 19.

11. Blaine Brownell, "The Age of Concrete," *New York Times*, March 12, 2010, http://www.nytimes.com/2010/03/13/opinion/13brownell.html?scp=1&sq=Blaine%20Brownell,%20"The%20Age%20of%20Concrete&st=cse.

木材

The epigraph to this chapter is drawn from Ian G. Simmons, *Biogeography: Natural and Cultural* (London: Edward Arnold, 1979), 79.

1. Luis Fernández-Galiano, *Fire and Memory: On Architecture and Energy*, trans. Gina Cariño (Cambridge, MA: MIT Press, 2000), 17.

2. Paolo Portoghesi, "Editorial," in "Wood Architecture," special issue, *Materia* 36 (September–December 2001): 24.

3. Manfred Hegger, Volker Auch-Schwelk, Matthias Fuchs, and Thorsten Rosenkranz, *Construction Materials Manual* (Basel: Birkhäuser, 2006), 67.

4. Michael F. Ashby, *Materials and the Environment: Eco-Informed Material Choice* (Burlington, MA: Butterworth-Heinemann, 2009), 343.

5. Malcolm Quantrill, *Finnish Architecture and the Modernist Tradition* (London, UK: Taylor & Francis, 1995), 72. "The cohesion [Aalto] achieved between the forms of his interior spaces and their furnishings directly connects him to both Eliel Saarinen's national romanticism and Frank Lloyd Wright's concept of organic architecture."

6. Malcolm Quantrill, *Alvar Aalto: A Critical Study* (New York: Schocken Books, 1983), 64.

7. Hegger, Auch-Schwelk, Fuchs, and Rosenkranz, *Construction Materials Manual*, 75.

8. Ibid.

9. Ibid.

10. Michael H. Freeman, Todd F. Shupe, Richard P. Vlosky, and H. M. Barnes, "Past, Present, and Future of the Wood Preservation Industry," *Forest Products Journal* 53, no. 10 (October 2003): 9.

11. Dung Ngo and Eric Pfeiffer, *Bent Ply* (New York: Princeton Architectural Press, 2003), 19.

12. As readily available supplies of fossil fuels (hydrocarbons) diminish, energy-intensive structural materials like steel and concrete will compare less favorably with wood and other renewable materials (carbohydrates), which require significantly less energy to produce.

金属

The epigraph to this chapter is drawn from F. T. Marinetti, "The Futurist Manifesto," as translated in James Joll, *Three Intellectuals in Politics* (New York: Harper & Row, 1965), 179. The manifesto was originally published as "Manifeste du futurisme" in *Le Figaro*, February 20, 1909.

1. Reyner Banham, *Theory and Design in the First Machine Age* (Cambridge, MA: MIT Press, 1960), 11.

2. Manfred Hegger, Volker Auch-Schwelk, Matthias Fuchs, and Thorsten Rosenkranz, *Construction Materials Manual* (Basel: Birkhäuser, 2006), 78.

3. Michael F. Ashby, *Materials and the Environment: Eco-Informed Material Choice* (Burlington, MA: Butterworth-Heinemann, 2009), 267.

4. Hegger, Auch-Schwelk, Fuchs, and Rosenkranz, *Construction Materials Manual*, 79.

5. Charles Theodore Seltman, *Approach to Greek Art* (London: Studio Publications, 1948), 12.

6. Bruno Kerl, Sir William Crookes, and Ernst Otto Röhrig, *A Practical Treatise on Metallurgy* (London: Longmans, Green & Co., 1868–70). The Bessemer Process was named after Henry Bessemer, who filed a patent for the process in 1855.

7. Annette LeCuyer, *Steel and Beyond: New Strategies for Metals in Architecture* (Basel: Birkhäuser, 1999), 8.

8. "Centre Pompidou Masterplan," Rogers Stirk Harbour + Partners, accessed April 6, 2011, http://www.richardrogers.co.uk/work/masterplans/centre_pompidou_masterplan.

9. Engineer Peter Rice used gerberettes to achieve long spans in the Pompidou Center. See Lorraine Lin, "The Imaginative Engineer," *Structure*, January 2007, 52.

10. "Announcement: Richard Rogers of the UK Becomes the 2007 Pritzker Architecture Prize Laureate," The 2007 Pritzker Architecture Prize Jury, accessed April 6, 2011, http://www.pritzkerprize.com/laureates/2007/announcement.html.

11. Banham, *Theory and Design*, 11.

12. See the European Environmental Agency glossary at http://glossary.eea.europa.eu/.

13. Wuppertal Institute for Climate, Environment, and Energy, "Material Intensity of Materials, Fuels, and Transport Services," October 28, 2003, http://www.wupperinst.org/uploads/tx_wibeitrag/MIT_v2.pdf.

14. Ashby, *Materials and the Environment*, 267, 269, 295. Moreover, primary production of aluminum has a carbon-dioxide footprint of 12 kg/kg, versus 3.5 kg/kg for ABS.

15. Based on the U.S. Geological Survey, *Mineral Commodity Summaries 2007* (Washington, DC: U.S. Government Printing Office, 2007).

16. The EPA's current list has since grown to thirty-one priority chemicals and includes cadmium, lead, and mercury. See http://www.epa.gov/wastes/hazard/wastemin/priority.htm.

17. Ashby, *Materials and the Environment*, 267.

18. Michael F. Ashby, *Materials and the Environment* (Burlington, MA: Butterworth-Heinemann, 2009), 269, 289.

19. According to www.greenblue.org/cradle_flows.html, a technical nutrient is "a material, frequently synthetic or mineral, that remains safely in a closed-loop system of manufacture, recovery, and reuse (the technical metabolism), maintaining its highest value through many product life cycles." "Cradle to Cradle Material Flows," *GreenBlue*, accessed April 6, 2011, www.greenblue.org/cradle_flows.html.

20. "The Alloy That Remembers," *Time*, September 13, 1968, http://www.time.com/time/magazine/article/0,9171,838687,00.html. The ability of a material to experience a reversible, solid-state-phase transformation had also been observed in gold-cadmium alloys by scientist Arne Olander in 1932.

21. Kazushi Takahashi, interviewed by Takafumi Suzuki, "Crossbreeding Shipbuilding with Architecture," trans. Claire Tanaka, *Pingmag*, July 7, 2008, http://pingmag.jp/2008/07/07/crossbreeding-shipbuilding-with-architecture/.

22. Ibid.

23. Tom Bitzer, *Honeycomb Technology: Materials, Design, Manufacturing, Applications and Testing* (London: Chapman & Hall, 1997), 3.

玻璃

The epigraph to this chapter is drawn from Paul Scheerbart, *Glasarchitektur*, as translated in Dennis Sharp, ed., *Glass Architecture by Paul Scheerbart; and Alpine Architecture by Bruno Taut*, trans. James Palmes (*Glass Architecture*) and Shirley Palmer (*Alpine Architecture*) (Santa Barbara, CA: Praeger, 1972), 41. *Glass Architecture* was originally published as *Glasarchitektur* (Berlin: Verlag Der Sturm, 1914).

1. Clara Curtin, "Fact or Fiction? Glass Is a (Supercooled) Liquid" in *Scientific American*, February 22, 2007, http://www.scientificamerican.com/article.cfm?id=fact-fiction-glass-liquid.

2. Colin Rowe and Robert Slutzky, "Transparency: Literal and Phenomenal," in *The Mathematics of the Ideal Villa and Other Essays* (Cambridge, MA: MIT Press, 1976), 160–61.

3. Hegger, Auch-Schwelk, Fuchs, and Rosenkranz, *Construction Materials Manual*, 85.

4. Pliny the Elder's account in Georgius Agricola, *De re metallica* (*On the Nature of Metals*), trans. Herbert Clark Hoover and Lou Henry Hoover (Mineola, NY: Dover Publishing, 1950), 586.

5. Wigginton, *Glass in Architecture*, 10.

6. Ibid., 42.

7. Hegger, Auch-Schwelk, Fuchs, and Rosenkranz, *Construction Materials Manual*, 85.

塑料

The epigraph to this chapter is drawn from Roland Barthes, *Mythologies* (New York: Noonday Press, 1972), 97.

1. Jeffrey L. Meikle, *American Plastic: A Cultural History* (New Brunswick, NJ: Rutgers University Press: 1995), 4.

2. Thomas Pynchon, *Gravity's Rainbow* (New York: Viking Press: 1973), 600–601; and Toyo Ito, "Architecture in a Simulated City," *El Croquis* 71 (1996): 13.

3. Stephen Bass, "The Plastics Industry Has Come of Age," *Modern Plastics* 23 (April 1946): 132.

4. Michael F. Ashby, *Materials and the Environment* (Burlington, MA: Butterworth-Heinemann, 2009), 17.

5. V. E. Yarsley and E. G. Couzens, "The Expanding Age of Plastics," *Science Digest* 10 (December 1941): 57–59.

6. Meikle, *American Plastic*, 6.

7. Thomas Herzog, Roland Krippner, and Werner Lang, *Facade Construction Manual* (Basel: Birkhäuser, 2004), 211.

8. Sylvia Hart Wright, *Sourcebook of Contemporary North American Architecture: From Postwar to Postmodern* (New York: Van Nostrand Reinhold, 1989), 33.

9. Rob Thompson, *Manufacturing Processes for Design Professionals* (New York: Thames & Hudson, 2007), 429.

10. Ed Fitzgerald, "Pacific Ocean Plastic Waste Dump," *Ecology Today*, August 14, 2008, http://ecology.com/ecology-today/2008/08/14/pacific-plastic-waste-dump/.

11. "Recycling Trivia," Mississippi Department of Environmental Quality, accessed April 9, 2011, http://www.deq.state.ms.us/Mdeq.nsf/page/Recycling_RecyclingTrivia?OpenDocument.

12. Ashby, *Materials and the Environment*, 310–12.

13. "A Little Cotton and a Little Camphor Make You This Finer Fountain Pen!," *DuPont Magazine* 32 (midsummer 1928), advertisement, inside front cover.

14. Herzog, Krippner, and Lang, *Facade Construction Manual*, 211.

15. Laurence Mitchell, *Serbia* (Buckinghamshire, UK: Bradt Travel Guides, 2007), 313.

图片来源

无特殊说明时，所有图片均来源于作者

矿物
16–17: Daici Ano
22: left, Andreas Überschär
24: top left, top right, Marissa Fabrizio; bottom left , bottom right, Christine Spetzler
25: top, Lisa Tsang; bottom left, bottom right, Eric E. Olson
26: Eric E. Olson
27: top left, M. F. Wills; top right, Friðrik Bragi Dýrfjörð
30: top left, Brembo; top right, Benjamin Cook/E-Green Building Systems; bottom left, Fraunhofer IKTS Dresden; bottom right, Keith Carlson/Photo-Form LLC
33: top left, top middle, Studio Gang Architects
34: David Mézerette
35: top left, Xiaohei Black; top right, David Mézerette; bottom, Genppy
36–37: Daici Ano
38: top, middle right, and bottom right Kengo Kuma & Associates; bottom left Daici Ano
39: Daici Ano
40: Gramazio & Kohler/Ralph Feiner
41: Gramazio & Kohler
43: Adam Mørk
44: Adam Mørk
45: top left, top right, 3XN; middle left, middle right and bottom, Adam Mørk

混凝土
57: Doris Lohmann
58: left, middle left, Xavier de Jauréguiberry; middle right, right, Tadao Ando Architects & Associates
59: left, Macau500; right, CANMET
61: left, AltusGroup; right, Rieder Faserbeton-Elemente GmbH
62: left, Victor Li; right, Italcementi
63: left, Meld USA; right, SensiTile Systems
64: Brandon Shigeta
67: Bart van den Hoven

68: Bart van den Hoven
69: top left, top right Norbert Heyers; bottom left, bottom right Bart van den Hoven
70–71: Áron Losonczi
72–73: Benoît Fougeirol
74: Hélène Binet
75: top Roland Halbe; bottom Hélène Binet
76–77: Sandra Draskovic

木材
84: top left, top right, bottom, Anthony V. Thompson
85: top left, top right, Alvar Aalto Foundation; bottom left, Anthony V. Thompson; bottom right, Dustin Holmes
86: right, Pete Nichols
87: left, Jaksmata; right, Architectural Systems, Inc.
89: top left, John Christer Hoiby; top right, Reholz GmbH; bottom Architectural Systems, Inc
90: left, Terry Bostwick Studio Furniture
91: left, German Nieva; right,Satoshi Asakawa;
93: bottom left, Gramazio & Kohler, Architecture and Digital Fabrication, ETH Zurich
94–95: William Pryce
96–97: Iwan Baan
99: Carlos Tavella
99: top, bottom left Ned Baker; bottom right, Carlos Tavella

金属
115: right, Nat Hansen
116: left, Piero Russo; right, Sydney Pollack
117: left, Geomartin; right, U.S. Fish and Wildlife Service
119: left, Cellular Materials International, Inc.; right, Fraunhofer Institute
121: top right, Haresh Lalvani; bottom, Intaglio Composites
123: bottom right, Daici Ano
125: Daici Ano
126: top left, top right Daici Ano
125–126: Fernando Guerra

玻璃

141: middle, Mitsumasa Fujitsuka
143: middle, Mogens Engelund; right, Didier B
144: left, Royal Horicultural Society; right, Subrealistsandu;
145: Lisa Tsang
146: left, Jim Gordon
149: top middle, Penny Herscovitch; middle right, Architectural Systems, Inc.
150: left, Nigel Young/Foster + Partners
153: Christian Richters
154: Brian Gulick
155: top left, top right, Brian Gulick; middle, James Carpenter Design Associates Inc.
156: top left, top right James Carpenter Design Associates Inc.; bottom, Brian Gulick
159–160: Iwan Baan
161–162: Andy Ryan
163–165: Simone Giostra and Partners-ARUP-Ruogu

塑料

170: left, NOX/Lars Spuybroek
171: left, Louise Docker

173: top left, Charles R. Lympany; bottom right, Michael Kieltyka
175: left, Erik Christensen
176: Natureworks LLC
177: left, Magnus Andersson; right, NEC Corporation
178: left, The Living
180: top left, SensiTile Systems; top right, Caleb Nelson; bottom, Center for Composite Materials, University of Delaware
181: Daici Ano
182: left, Daici Ano; middle, Laurie McGinley
183: right, Atelier FCJZ
184: Ramon Prat
185: top left, bottom left, Massimiliano & Doriana Fuksas; top right, Massimiliano & Doriana Fuksas; bottom right, Ramon Prat
186: Ramon Prat
187: Adam Mørk
188: Adam Mørk
189: top, Steven Achiam
191: top, bottom right Stage One
192–193: Iwan Baan